社区生活

低 碳 生 活

姚雪痕　编著

上海科学技术文献出版社

图书在版编目（CIP）数据

低碳生活 / 姚雪痕编著 . —上海: 上海科学技术文献出版社，
2013.1
ISBN 978-7-5439-5629-2

Ⅰ.①低… Ⅱ.①姚… Ⅲ.①节能—普及读物 Ⅳ.①TK01-
49

中国版本图书馆 CIP 数据核字（2012）第 281265 号

责任编辑：张 树
封面设计：钱 祯

低 碳 生 活
姚雪痕 编著
＊
上海科学技术文献出版社出版发行
（上海市长乐路 746 号 邮政编码 200040）
全国新华书店经销
常熟市文化印刷有限公司印刷
＊
开本 650×900 1/16 印张 14.5 字数 179 000
2013 年 1 月第 1 版 2013 年 1 月第 1 次印刷
ISBN 978-7-5439-5629-2
定价：20.00 元
http://www.sstlp.com

contents >>

目录

chapter 1 >>

第一章
低碳·刻不容缓

　　进入 2012 年，人们总会在不知不觉间想起几年前风靡全球的美国大片《2012》，那天崩地裂的震撼和世界末日的凄惨，让哪怕最理性的人看过之后也难免心有余悸。电影的场景是虚幻的，然而现实中却不乏这样灾难性的场面。

　　2010 年 1 月 13 日，海地遭遇 200 年以来最强地震，死亡人数估算高达 35 万人。

　　2010 年 2 月 27 日，智利遭遇 8.8 级地震袭击，这是智利 25 年来最大的地震。

　　2010 年 2 月下旬，中国新疆遭受 60 年不遇的低温强降雪天气，同时，美国东北部地区 1 个月内三度遭暴风雪吹袭，纽约降雪量创下 114 年来最高水平。

　　2010 年 3 月 20 日，冰岛火山、日本强风、中国沙尘、哈萨克斯坦洪水几乎同时发生，其中罕见强风给日本带来了今年以来规模最大的沙尘暴，大阪和京都等地能见度不到两公里。

　　2011 年 3 月 11 日，日本东北部宫城县以东太平洋海域发生里氏 9.0 级地震，3 天之内共发生 168 次 5 级以上余震，14 704 人遇难，10 969 人失踪。

　　……

　　近年来，各种极端天气的发生几率越来越高，"百年一遇"的

记录似乎都在近几年被集中刷新了。频频发生的极端天气让我们在震撼、惊惧之余,不由得对人类的生存空间、地球的未来产生了深深担忧。

目前,全球变暖是对人类生存环境的最大威胁。全球变暖不是简单的环境污染和生态灾难,它破坏的是整个地球的气候系统,会引发一系列连锁反应,所造成的后果是不可逆转的。世界气象组织的统计也证明,几乎有九成自然灾害与气候事件存在关联。科学家认为,如果任由全球变暖现象持续恶化,海平面将大幅升高,导致动植物大量灭绝,数以百万计生灵陷入贫穷状态。

学术界研究认为,煤、石油、天然气等燃烧产生的二氧化碳、碳粒粉尘以及堆放垃圾产生的甲烷等,是导致全球变暖的主因。另一方面,对森林乱砍滥伐,大量农田被征用建成城市和工厂,减少了将二氧化碳转化为有机物的条件;加之地表水域逐渐缩小,降水量大大降低,减少了吸收溶解二氧化碳的条件,破坏了二氧化碳生成与转化的动态平衡,使大气中的二氧化碳含量逐年增加。因此,气候变暖本质上源于人类活动,是大自然对人类疯狂索取的报复。

拯救地球已刻不容缓!

为了拯救地球,人们也在积极努力,2009 年 11 月 26 日中国政府公布了控制温室气体排放的行动目标,决心到 2020 年单位国内生产总值二氧化碳排放比 2005 年下降 40% 到 45%。在 2009 年 12 月哥本哈根气候变化峰会上,温总理指出:气候变化是当今全球面临的重大挑战。遏制气候变暖,拯救地球家园,是全人类共同的使命。每个国家和民族、每个企业和个人,都应当责无旁贷地行动起来!

面临全球气候系统崩溃的危险,我们必须要低碳出行、固碳增汇,消除碳足迹,做一个环保时尚的减碳达人,热爱生活,并兼顾疼惜地球,从身边小事做起,实践"低碳生活",注意节电、节油、节气,满足基本需要,限制奢侈浪费,就能产生巨大的节碳效果。

　　也许我们的行动很微不足道,但用我们聚沙成塔的信心和力量能汇聚成地球绿色的希望。只要我们凝聚每一份力量,减少每一千克碳排放,在二氧化碳减排过程中,普通民众同样也拥有改变未来的力量。

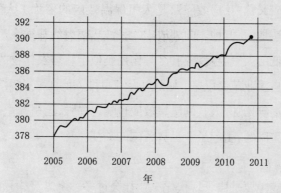

二氧化碳浓度不断升高

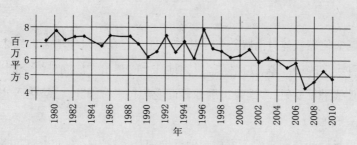

北极冰层面积在减少

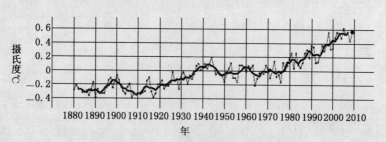

全球平均温度在升高

■ 第一节　高耗能源带给地球十大生态灾难

一、温室效应

温室效应又称"花房效应",是大气保温效应的俗称。大气能使太阳短波辐射到达地面,但地表向外放出的长波热辐射线却被大气吸收,这样就使地表与低层大气温度增高,因其作用类似于栽培农作物的温室,故名温室效应。自工业革命以来,人类向大气中排入的二氧化碳等吸热性强的温室气体逐年增加,大气的温室效应也随之增强,已引起全球气候变暖等一系列严重问题,引起了全世界各国的关注。

由来

温室效应主要是由于现代化工业社会过多燃烧煤炭、石油和天然气,大量排放尾气,这些燃料燃烧后放出大量的二氧化碳气体进入大气造成的。

二氧化碳气体具有吸热和隔热的功能。它在大气中增多的结果是形成一种无形的玻璃罩,使太阳辐射到地球上的热量无法向外层空间发散,对红外线进行反射,其结果是地球表面变热起来。因此,二氧化碳也被称为温室气体。

人类活动和大自然还排放其他温室气体,它们是:氟氯烃(CFCs)、甲烷、低空臭氧和氮氧化物气体、地球上可以吸收大量二氧化碳的是海洋中的浮游生物和陆地上的森林,尤其是热带雨林。

后果

1. 全球气候变暖;

2. 病虫害增加,温室效应导致史前致命病菌重见天日,危害人类;

3. 海平面上升;

4. 气候反常,海洋风暴增多;

5. 土地干旱,沙漠化面积增大。

对策

为减少大气中过多的二氧化碳,一方面需要人们尽量节约用电(发电需要烧煤),少开汽车。另一方面保护好森林和海洋,比如不乱砍滥伐森林,不让海洋受到污染以保护浮游生物的生存。我们还可以通过植树造林,减少使用一次性方便木筷,节约纸张(造纸使用木材),不践踏草坪等行动来保护绿色植物,使它们多吸收二氧化碳来帮助减缓温室效应。

二、臭氧层破坏

臭氧大多分布在离地 15 千米—50 千米的大气平流层,这里集中了地球上约 90% 的臭氧,这就是"臭氧层"。臭氧层中的臭氧主要是紫外线制造,是人类赖以生存的保护伞。

长期以来,由于人类活动的影响,臭氧含量已经减少了 3%,预计到 2025 年,这一数字将有可能达到 10%。臭氧层的破坏使紫外线等短波辐射增强,导致皮肤癌患者增多。维护臭氧层平衡已成为全球性的环境问题。

作用

大气臭氧层主要有三个作用:

保护作用。臭氧层能够吸收太阳光,保护地球上的人类和动植物免遭短波紫外线的伤害。

加热作用。臭氧吸收太阳光中的紫外线并将其转换为热能加热大气,正是由于这种作用,在地球上空 15 千米—50 千米形成了一个升温层,对大气的循环具有重要的影响。

温室气体作用。在对流层上部和平流层底部,即在气温很低的这一高度,臭氧的作用同样非常重要。如果这一高度的臭氧减少,则会产生使地面气温下降的动力。因此,臭氧的高度分布及变化极其重要。

破坏原因

大多数人认为,人类过多地使用氯氟烃类化学物质(用 CFCs 表示)是破坏臭氧层的主要原因。氯氟烃是一种人造化学物质,1930 年由美国的杜邦公司投入生产,第二次世界大战后,尤其是进入 20 世纪 60 年代以后开始大量使用。这种物质会造成臭氧层的损耗,成为破坏臭氧的催化剂。

对策

爱护臭氧层的消费者:应该购买带有"无氯氟化碳"标志的产品。

爱护臭氧层的居民:应合理处理废旧冰箱和电器,在废弃电器之前,除去其中的氟氯化碳和氟氯烃制冷剂。

爱护臭氧层的农民:不使用含甲基溴的杀虫剂,在有关部门的帮助下,选用适合的替代品,如果还没有使用甲基溴杀虫剂就不要开始使用它。

爱护臭氧层的制冷维修师:要确保维护期间从空调、冰箱或冷柜中回收的冷却剂不会释放到大气中,做好常规检查和修理泄漏。

爱护臭氧层的办公室员工:应鉴定公司现有设备,如空调、清洗剂、灭火剂、涂改液、海绵垫中哪些使用了消耗臭氧层的物质,并制订适当的计划,淘汰它们,用替换物品换掉它们。

爱护臭氧层的公司替换在办公室和生产过程中所用的消耗臭氧层物质,如果生产的产品含有消耗臭氧层物质,那么应该用替代物来改变产品的成分。

爱护臭氧层的教师:告诉你的学生,告诉你的家人、朋友、同事、邻居,保护环境、保护臭氧层的重要性,让大家了解哪些是消耗臭氧层物质。

有了科学的方法,再加上我们的实际行动,相信在不远的将来,我们将拥有一片美丽而完整的蓝天。

三、土地退化和沙漠化

沙漠化是指在人们过度放牧、耕作、滥垦滥伐等人为因素和一系列自然因素的共同作用下,使土地质量下降并逐步沙漠化的过程。

现在,沙漠化以每年5万—7万平方千米的速度扩张,在当今人类诸多环境问题中,沙漠化是最严重的灾难之一,这意味着人类将失去最基本的生存基础——有生产能力的土地。

对策

1. 增加地表植被,如植树种草;

2. 可以采用工程措施,如建造草方格沙障;

3. 退耕还林还草;

4. 合理载畜。

四、废物质污染及转移

废物质污染及转移是指工业生产和居民生活向自然界或向他国排放的废气、废液、固体废物等严重污染空气、河流、湖泊、海洋和陆地环境以及危害人类健康的问题。目前,市场中约有7万—8万种化学产品,其中对人体健康和生态系统有危害的约有3.5万种,具有致癌、致畸和致灾变的有500余种。据研究证实,一节一号电池能污染60升水,能使十平方米的土地失去使用价值,其污染可持续20年之久。塑料袋在自然状态下能存在450年之久。当代"空中死神"——酸雨,其对森林土壤、湖泊及各种建筑物的影响和侵蚀已得到公认。有害废物的转移常常会演变成国际交往的政治事件。

发达国家非法向海洋和发展中国家倾倒危险废物,致使发展中国家蒙受巨大危害,直接导致接受地的环境污染和对居民的健康影响。另据资料统计,我国城市垃圾历年堆存量已达60多亿吨,侵占土地面积达5亿平方米,城市人均垃圾年产量达440千克。

对策

城市垃圾处理技术

焚烧是目前世界各地广泛采用的城市垃圾处理技术,大型的配备有热能回收与利用装置的垃圾焚烧处理系统,正逐渐成为焚烧处理的主流。国外工业发达国家普遍致力于推进垃圾焚烧技术的应用。

工业废物的处理原则

1. 减量化:一是通过改革工艺、产品设计或改变社会消耗结构和废物发生机制来减少固体废物发生量;二是通过固体废物处理,如压缩、焚烧等进行减量。

2. 无害化:指固体废物通过工程处理,达到不损害人体健康,不污染周围自然环境的目的。

3. 资源化:指通过各种方式从固体废物中回收有用成分和能源,达到减少资源消耗,加速资源循环,保护环境的目的。

五、森林面积减少

原因

由于人口迅速增长,无限制的木材砍伐、毁林开荒、森林火灾和病虫害等使森林毁灭,草原破坏,绿色的植被遭到严重破坏。

危害

人类在没有树木或植物的环境中,会引起呼吸道肺部的各种疾病、眼睛疾病、肝脏功能的疾病,以及各种不可预料的传染性疾病、循环系统疾病等等。

六、生物多样性减少

生物多样性减少是指包括动植物和微生物的所有生物物种,由于生态环境的丧失,人类对资源的过度开发,环境污染和引进外来物种等原因不断消失的现象。

据统计,地球上共有约 3 000 万个物种,自 1600 年以来已有 724 个物种灭绝,3 956 个物种濒临灭绝,3 647 个物种沦为濒危物种。许多专家认为,1/4 的物种将在未来 20—30 年内面临灭绝的危险。生物多样性的存在对进化和保护生物圈的生命保障系统具有不可替代的作用。

原因

1. 人口迅猛增加。人口增加则必须扩大耕地面积,这样就对自然生态环境及生存其中的生物物种产生了最直接的威胁。

2. 生境破碎化。生态系统在自然及人为干扰下偏离自然状态,生境破碎,生物失去家园。

3. 环境污染。环境污染对生物多样性的影响目前有两个基本观点:一是由于生物对突然发生的污染在适应上可能存在很大的局限性,故生物多样性会丧失;二是污染会改变生物原有的进化和适应模式,生物多样性可能会向着污染主导的条件下发展,从而偏离其自然或常规轨道。

4. 外来物种入侵。对于生态平衡和生物多样性来讲,生物的入侵是个扰乱生态平衡的过程,这种平衡一旦打乱,就会失去控制而造成危害。

七、水资源枯竭

地球表面的 72% 被水覆盖;但是淡水资源仅占所有水资源的 0.75%,有近 70% 的淡水固定在南极和格陵兰的冰层中,其余多为土壤水分或深层地下水,不能被人类利用。地球上只有不到 1% 的淡水而仅有约 0.007% 的水可被人类直接利用。

全球淡水资源不仅短缺而且地区分布极不平衡,约占世界人口总数 40% 的 80 个国家和地区约 15 亿人口淡水不足,其中 26 个国家约 3 亿人极度缺水。更可怕的是,预计到 2025 年,世界上将会有 30 亿人面临缺水,40 个国家和地区淡水严重不足。

我们要加强保护水资源意识,不要让最后一滴水成为我们的眼泪!

常见的水污染途径有哪些

1. 工业生产排放的污水；

2. 城市生活污水；

3. 农业污染灌溉、喷洒农药、施用化肥被雨水冲刷随地表径流进入水体；

4. 固体废物中的有害物质经水溶解进入水体；

5. 工业生产排放的烟尘废水，经直接降落或被雨水淋洗进入水体；

6. 降雨和雨后的地表径流携带大气、土壤的城市地表污染物进入水体；

7. 海水倒灌或渗透，污染沿海地区地下水源及水体；

8. 天然的污染源影响水体。

八、核污染

核污染主要指核物质泄露后的遗留物对环境的破坏，包括核辐射、原子尘埃等本身引起的污染，还有这些物质对环境的污染后带来的次生污染，比如被核物质污染的水源对人畜的伤害。

世界著名核污染事故

前苏联切尔诺贝利核电站事故

1986 年 4 月 26 日凌晨 1 时 30 分，在前苏联乌克兰大森林地带东部的切尔诺贝利核电站第 4 号机组发生核反应堆堆心毁坏、部分厂房倒塌的灾难性事故。导致俄罗斯大约 4 300 个城镇和村庄遭受放射污染。联合国卫生机构评论说，大约 9 300 人可能死于由放射性污染引起的癌症。

美国三里岛核电站事故

1979 年 3 月 28 日凌晨 4 时，美国宾夕法尼亚州的三里岛核电站第 2 组反应堆的操作室里，红灯闪亮，汽笛报警，涡轮机停转，堆心压力和温度骤然升高，2 小时后，大量放射性物质溢出。

日本福岛核电站事故

2011 年 3 月 11 日下午,日本发生了 9 级大地震,受 11 日大地震影响而自动停止运转的东京电力公司福岛第一核电站 1 号机组中央控制室的放射线水平已达到正常数值的 1 000 倍。这一核电站大门附近的放射线量持续上升,12 日上午 9 时 10 分已经达到正常水平的 70 倍以上。

九、海洋污染

海洋污染通常指人类改变了海洋原来的状态,使海洋生态系统遭到破坏。有害物质进入海洋环境而造成的污染,会损害生物资源,危害人类健康,妨碍捕鱼和人类在海上的其他活动,损坏海水质量和环境质量等。

来源

1. 石油及其产品。

2. 金属和酸、碱。包括铬、锰、铁、铜、锌、银、镉、锑、汞、铅等金属,磷、砷等非金属,以及酸和碱等。它们直接危害海洋生物的生存和影响其利用价值。

3. 农药。主要由径流带入海洋,对海洋生物有危害。

4. 放射性物质。主要来自核爆炸、核工业或核舰艇的排污。

5. 有机废液和生活污水。由径流带入海洋,极严重的可形成赤潮。

6. 热污染和固体废物。主要包括工业冷却水和工程残土、垃圾及疏浚泥等。前者入海后能提高局部海区的水温,使溶解氧的含量降低,影响生物的新陈代谢,甚至使生物群落发生改变;后者可破坏海滨环境和海洋生物的栖息环境。

十、噪声污染

随着近代工业的发展,环境污染也随之产生,噪声污染就是环境污染的一种,已经成为对人类的一大危害。噪声污染与水污染、大气污染、固体废弃物污染被看成是世界范围内四个主要环境问题。

来源

1. 交通噪声：包括机动车辆、船舶、地铁、火车、飞机等发出的噪声。

2. 工业噪声：工厂的各种设备产生的噪声。工业噪声的声级一般较高，对工人及周围居民造成较大的影响。

3. 建筑噪声：建筑噪声的特点是强度较大，且多发生在人口密集地区，因此严重影响居民的休息与生活。

4. 社会噪声：包括人们的社会活动和家用电器、音响设备发出的噪声。声级虽然不高，但由于和人们的日常生活联系密切，使人们在休息时得不到安静，尤为让人烦恼，极易引起邻里纠纷。

噪声对人类不同程度的影响

无法忍受：150分贝—130分贝

感到疼痛：130分贝—110分贝

很吵：110分贝—70分贝

较静：70分贝—50分贝

安静：50分贝—30分贝

极静：30分贝—10分贝

无声：0分贝

第二节　低碳生活

什么是低碳生活

低碳，英文为 low carbon，意指较低（更低）的温室气体（二氧化碳为主）的排放。低碳生活就是指生活作息时所耗用的能量要尽力减少，从而减低碳、特别是二氧化碳的排放量，达到减少对大气的污染，减缓生态恶化的目的。

"低碳生活"作为一种生活方式，代表着更健康、更自然、更安全，返璞归真地去进行人与自然的活动。它先是从国外兴起，可以理解为：减低二氧化碳的排放,就是低能量、低消耗、低开支的生活方式。如今,这股风潮逐渐在我国一些大城市兴起,潜移默化地改变着人们的生活。

在国外,低碳的概念很流行,一些国家的产品上甚至标明它的碳排放量,作为人们购买时的一个参考标准。在我国,伴随着政府、企业层面的关注度逐渐重视,低碳也正在成为一个普及的概念。

链接:部分生活废弃物在自然界停留时间

烟头:1—5 年

羊毛织物:1—5 年

橘子皮:2 年

尼龙织物:30—40 年

皮革:50 年

易拉罐:80—100 年

塑料:100—200 年

玻璃:1 000 年

低碳是一种责任和态度

对于普通人来说,低碳是一种生活态度,我们应该积极提倡并去实践低碳生活,要从节电、节气这些点滴做起。于是,有人买运输里程很短的商品,有人坚持爬楼梯,形形色色,有的很有趣,有的却不免有些麻烦。

在这里,我们所说的减碳生活的前提是,在不降低生活质量的情况下,尽其所能地节能减排。

"节能减排",不仅是当今社会的流行语,更是关系到人类未来的战略选择。提高"节能减排"意识,对自己的生活方式或消费习惯进行简单易行的改变,一起减少全球温室气体(主要减少二氧化碳)排放,意义十分重大。"低碳生活"节能环保,有利于减缓全球气候变暖和环境恶化的速

度。减少二氧化碳排放,选择"低碳生活",是每位公民应尽的责任,也是每位公民应尽的义务。

低碳生活是一种"不计较",是一种境界,是一种责任和担当。从我做起,从现在做起,善其身,带其头,表其率,不等待,不观望,不计较,这是每个人应有的态度。惟其如此,低碳社会才会真正向我们走来。

低碳生活"三不"准则

低碳生活看起来是小事,少用纸巾、循环用水、多步行少开车、少用塑料袋、少用一次性纸杯等等,做起来也不是太难,但却与认识有关。

首先,低碳不能因为自己"小"而不为。大家的生活都在排碳,我占的份额实在有限,而且此类小事,也不是什么原则问题,不会有人以为我不低碳而影响到对我的看法,更不会有人口诛笔伐站出来指责,与工厂的烟囱比,我这点排碳量几乎可以忽略不计,故而随意生活,不加入低碳生活的行列。但应知道,无小善何以成大德?故而这是一种推卸,为第一不可取。

其次,低碳不能因为自己"富"而不为。有的富人以为,自己对社会的贡献大,占的排碳量理应也高;还有人提出,我可以掏钱买排碳量。但你要知道,随着社会的进步,富人的队伍在不断壮大,如果富人都有如此想法,那低碳生活只能是一种想象。

再次,低碳不能因为别人"不为"而自己不为。且不说穷富,无论什么事,中国人就爱跟别人比较。意识之中,别人不作为的事,凭什么我就一定要做呢?比如自己出门要带筷子,不开车,可别人都没带筷子,都在自驾游,这岂不是不公平?殊不知,如果人们都沉浸在诸如此类的排碳"公平"之争中,我们享受低碳生活的愿望不说将成为泡影,至少在时间表上会大大推迟。

低碳生活意愿调查

这是某网站进行的一次低碳生活调查,其中调查列举了一些低碳生活方式供选择。结果表明,选择愿意少吃肉类、多吃素食的网民占首位,达 30%。其中诸如使用环保袋、节水、节电等生活细节也成为网友们热衷的低碳生活方式。

低碳生活我愿意

🦇 少吃肉类，多吃素食	11 036人	30%
🦇 购物使用环保布袋	6 671人	18%
🦇 减少使用一次性用具	6 314人	17%
🦇 节约用水，洗菜、洗澡水冲厕所	6 042人	16%
🦇 避免无用购物，节俭生活	6 034人	16%
🦇 节省电能，即时关电器	6 416人	17%

什么是碳排放

碳排放是关于温室气体排放的一个总称或简称。温室气体中最主要的气体是二氧化碳，因此用"碳"一词作为代表，虽然并不准确，但作为让民众最快了解的方法就是简单地将"碳排放"理解为"二氧化碳排放"。

我们的日常生活一直都在排放二氧化碳，而如何通过有节制的生活，例如少用空调和暖气、少开车、少坐飞机等等，以及如何通过节能减污的技术来减少工厂和企业的碳排放量，成为本世纪初最重要的环保话题之一。

碳排放计算公式

汽车：一辆每年在城市中行程达到 2 万千米的大排量汽车释放的二氧化碳为 2 吨。发动机每燃烧 1 升燃料向大气层释放的二氧化碳为 2.5 千克。

人体：每人每天通过呼吸大约释放 1 140 克的二氧化碳。但是，只要光合作用存在，那么生产食物消耗的二氧化碳与通过呼吸释放的二氧化碳基本保持平衡。

植物:植物在白天吸收二氧化碳,夜晚释放。因此植物的二氧化碳净排放量为零。一棵中等大小的植物每年能吸收大约 6 千克的二氧化碳。

电脑:使用一年平均间接排放 10.5 千克二氧化碳。

卤素灯泡:间接二氧化碳排放量年均 10.8 千克。

暖气:使用煤油作为燃料的暖气一年向大气层排放的二氧化碳量为 2 400 千克。使用天然气的二氧化碳排放量为 1 900 千克,电暖气则只有 600 千克。

洗衣机:间接二氧化碳排放量年均 7.75 千克。

冰箱:间接二氧化碳排放量年均 6.3 千克。

世界各国减排目标

欧盟:无条件承诺到 2020 年较 1990 年减排 20％以上。同时承诺提高减排幅度至 30％。

中国:承诺到 2020 年碳强度较 2005 年降低 40％至 45％。

英国:承诺到 2020 年和 2050 年分别减排 34％和 80％,并受法律约束。

美国:拟定到 2020 年减排 17％的目标,碳排放量回落至 1990 年水平。

日本:减排目标由原先较 2005 年减排 15％(较 1990 年减少 8％)提高至较 1990 年减排 25％,具体依照哥本哈根气候峰会的谈判结果而定。

印度:到 2020 年可再生电力能源比重提高至 15％的目标。

挪威:首个承诺到 2020 年较 1990 年减排 40％的国家,这与发展中国家要求富裕发达国家做出的减诺幅度一致。同时还承诺在 2030 年前成为"碳中立国"。

巴西:承诺到 2020 年自主减排 38％至 42％。同时提出,到 2017 年将森林非法砍伐面积减少 70％,该数据最近被更新为到 2020 年减少 80％。

印度尼西亚:承诺自愿使用国家预算到 2020 年减排 26%。同时承诺,如果国际提供资金援助,能源和林业部门将减少 41% 的碳排放量。

韩国:无条件承诺到 2012 年较 2005 年水平减排 4%。

墨西哥:2008 年气候变化特别项目包括 86 个阻碍碳排放量增长的具体目标。目前年碳排放量约为 7 亿吨,目标是到 2012 年前减少 5 千万吨。

俄罗斯:承诺到 2020 年较 1990 年减排 20% 至 25%,之前做出的承诺是减排 10% 至 15%。

澳大利亚:承诺到 2020 年较 2000 年减排 25%,前提是哥本哈根大会上能达成宏伟的全球减排目标。

什么是碳足迹

碳足迹(carbon footprint),通常也被称为"碳耗用量",指的是一种新开发的,用于测量机构或个人因每日消耗能源而产生的二氧化碳排放对环境影响的指标,它标示一个人或者团体的"碳耗用量"。

碳,就是石油、煤炭、木材等由碳元素构成的自然资源。碳耗用得多,导致地球暖化的"元凶"二氧化碳也制造得多,"碳足迹"就大,反之"碳足迹"就小。

什么是碳足迹计算器

碳足迹计算器主要是根据家庭人数,能源消耗量以及日常生活方式等来计算各项居家生活的碳排放。

碳足迹计算器的作用是什么

作为对抗气候变化的重要武器,企业和个人通过确定自己的"碳足迹",了解碳排量,进而去控制和约束个人和企业的行为以达到减少碳排量的目的。

碳足迹计算基本公式

家居用电的二氧化碳排放量(kg)=耗电度数×0.785×可再生能源电力修正系数

开车的二氧化碳排放量(kg)=油耗公升数×0.785

乘坐飞机的二氧化碳排放量(kg):短途旅行(200千米以内)=千米数×0.275×该飞机的单位客舱人均碳排放;中途旅行(200-1 000千米)=55+0.105×(千米数-200);长途旅行(1 000千米以上)=千米数×0.139

具体来说就是——

少搭乘1次电梯,可减少0.218千克的碳排放;

少开冷气1小时,可减少0.621千克的碳排放;

少吹电扇1小时,可减少0.045千克的碳排放;

少看电视1小时,可减少0.096千克的碳排放;

少用灯泡1小时,可减少0.041千克的碳排放;

少开车1公里,可减少0.22千克的碳排放;

少吃1次快餐,可减少0.48千克的碳排放;

少丢1千克垃圾,可减少2.06千克的碳排放;

少吃1千克牛肉,可减少13千克的碳排放;

省一度电,可减少0.638千克的碳排放;

省一升水,可减少 0.194 千克的碳排放;

省一立方米天然气,可减少 2.1 千克的碳排放;

少吃一千克肉类,可减少二氧化碳 36.4 千克;

每月少开一天车,一辆车每年可以减少 98 千克二氧化碳;

地铁客流量达到每 1 万人次,可减少空气污染物 0.297 吨;

节约 10 度电等于少排放 8 千克二氧化碳;

将全国 1/3 的白炽灯换成 LED 节能灯,每年能省下一个三峡工程的年发电量;

少喝一瓶啤酒,可减排 0.2 千克二氧化碳;

少买一件不必要的衣服,可减排 6.4 千克二氧化碳;

拒绝使用过度包装,每千克纸能减少 3.5 千克二氧化碳。

什么是碳补偿

又称"碳中和",是指通过计算二氧化碳的排放总量,然后通过植树等方式把这些排放量吸收掉,以达到环保的目的。它是人们对地球变暖的现实进行反思后的自省、自律,是世界人民觉醒后的积极行动。通常可以通过推动使用再生能源和植树造林等方式来实现。2006 年,《新牛津美国字典》将"碳补偿"评为当年年度词汇。"碳补偿"当选年度词汇,见证了日益盛行的环保文化如何"绿化"人类语言。

近年来,各界名人参与碳补偿活动已屡见不鲜:

2003 年,美国电影演员迪卡普里奥就付钱在墨西哥植树,用于抵消他制造的二氧化碳。迪卡普里奥因此宣称自己是美国第一个碳补偿公民。

2005 年,好莱坞影片《辛瑞那》成为第一部碳补偿影片。

美国前副总统戈尔 2006 年执导纪录片《难以忽视的真相》时也计入了碳补偿成本。

如何计算碳补偿

按照 30 年冷杉吸收 111 千克二氧化碳来计算需要种几棵树来补偿。例如:如果一个人乘飞机旅行 2 000 千米,那么就排放了 278 千克的二氧化碳,为此需要植 3 棵树来抵消;如果用了 100 度电,就排放了 78.5 千克二氧化碳。为此,需要植 1 棵树;如果自驾车消耗了 100 公升汽油,就排放了 270 千克二氧化碳,为此,需要植 3 棵树……

如果不以种树补偿,也可以根据国际一般碳汇价格水平,即每排放一吨二氧化碳补偿 10 美元钱的标准来进行补偿。用这部分钱,可以请别人代为种树。

减少碳排放我们需要做什么

1. 出游 1 000 里,请种 1 棵树。每个人每天的消耗都留下了自己的"碳足迹",我们对环境不能只是一味索取,更应该有意识地对所产生的二氧化碳进行补偿处理,如乘车出游 500 千米排放的二氧化碳,就可以通过种一棵树来抵消。

2. 积极参加全民植树。树木通过光合作用将大气中的二氧化碳吸收并固定在植被与土壤当中,放出氧气,从而减少大气中的二氧化碳浓度。1 棵树 1 年可吸收二氧化碳 18.3 千克,相当于减少了等量二氧化碳的排放。如果全国 3.9 亿户家庭每年都栽种 1 棵树,那么每年可多吸收二氧化碳 734 万吨。

3. 种植绿色植物。绿色植物可以吸收二氧化碳释放氧气,在窗台或桌上适量摆放一些绿色植物,不仅能调解室内空气、增加碳补偿,还能在疲劳之余缓解一下生活压力,放松心情。

4. 认养树木。绿色带给人美的感受,同时也需要人们的呵护。机关、团体、企事业单位及个人通过一定程序,自愿负责一定面积林木绿地的建设和养护工作,可以有效提高城市的绿化水平。献出一份爱心,认养一棵树木,留下一份眷恋。

5. 交换闲置物品。将闲置不用的物品赠予需要者,不仅是厉行节能减排、践行低碳生活的一种做法,还可以通过让这些物品继续发挥作用达到减少碳排放的目的。比如,赠予他人一件衣物,即可相应抵消一件新衣6.4千克的二氧化碳。

6. 保护海洋环境。海洋中的浮游生物可以大量吸收二氧化碳,海洋是人类生存的最后资源。在旅游、娱乐、航行、生产活动中,应防止生活中的垃圾进入海洋。

chapter 2 >>

第二章
低碳·认识篇

■ 第一节 低碳生活的十个误区

误区一 低碳生活就是省吃俭用

同样的物品价格低不等于排碳低,低碳生活不能以价钱为标准来衡量。选购物品要看它在制作过程和使用过程中耗能和排碳的多少,在经济条件允许的情况下,选购排碳少的物品,既有利于保护环境,又提升了生活品质和健康水平。

实际上,单靠省吃俭用、精打细算有时候非但不能降低碳排放量,反而增加了碳排量。比如:

购买服装时,化纤材料制作的衣服比棉、麻、丝绸材料的衣服更省钱,但制作过程中排碳更多;

夏天不使用空调虽然省电,但其实将温度调至 26 摄氏度,既能保证正常生活工作的需要,又能最大限度地节约能源;

白炽灯比节能灯价格低,但是耗电更多。

误区二 低碳生活就是"勤快"生活

有些人简单地把低碳生活理解为"勤快"生活,当然,多走路少乘车这种"勤快"方式有利于低碳,但有的"勤快"却不然。比如:

洗衣机洗衣服一件一件洗就不如攒到一起洗省水省电;

给空调装外罩不可取,因为当初工厂对节电防护功效已有考虑;

空调启动瞬间电流较大,频繁开关相当浪费,还容易损坏压缩机;

热水器不宜随用随开,始终通电保持水温反而耗电更低;

节能灯最好不要频繁开关,因为开关时节能灯是最耗电的;

冰箱要尽量一次性将食物取出或放入,减少开关门的次数和时间,开门次数越多、时间越长耗电就越多;

使用微波炉最好一次将食物烹调好,减少关机查看再启动的次数,因为微波炉启动时的功率可达 1 000 瓦左右;

电脑不宜频繁开关,短时间后还要使用时,可以设置为待机状态,这种状态下耗能只有开机状态的 10%。

误区三 低碳生活产生"错误习惯"

1. 节能灯处处节能。节能灯开关瞬间耗能大,并且频繁开关对灯泡的使用时间有很大影响,原则上 15 分钟以内的开关频率就不要使用节能灯。这种情况下建议使用白炽灯。

2. 空调温度过低或过高。有人认为冬季空调启动温度设为 15 度是最节能的,实则不然。房间能量的流失是固定的,启动温度设置太低,会导致空调频繁启动制热程序,反而会带来更大的能源消耗。正确的做法是先将空调温度设置为 24 度,制热成功后,等温度缓慢下降至低于 15 度时再次启动。

3. 冰箱里东西越少越好。东西太少会使冰箱内空气流动增加,相反带来更大冷气流失,建议保持冰箱内保持 2/3 容积满的状态,这样才是最节能的。

4. 单门冰箱比双门冰箱省电。单门冰箱冷冻、冷藏同处一室,冷冻的冷气会扩散到冷藏,导致冷冻的温度不满足要求,从而频繁启动冷冻压缩机,而冷藏的温度又低于实际所需。同时打开空间较大,致使冷空气大

量涌出,对环保和节能都是不利的,建议使用双开门的小冰箱。

误区四　低碳生活降低了生活品质

一直以来,公众对低碳生活与生活品质的关系存在着认识上的偏差。有人认为,贫穷、不发达国家的人们消费少、不开车,当然是低碳状态;而发达国家人均碳排量很高,高排放才能带来高品质的生活。其实,公众看到的只是表面现象。

1. 低碳生活与健康、绿色、高品质的生活从根本上讲是一致的。低碳生活在健康、自然的同时,也是一种低成本、低代价的生活方式。

2. 低碳的真正含义是要给人们的身体健康提供更大的保护和舒适感,对环境影响更小或有助改善环境。欧洲建设了很多零排放建筑,在自然通风的情况下,隔热层能把室内温度调控到合适的水平,并且保持很长时间。

3. 低碳恰恰彰显的是一种高品质生活,强调的是人与自然和谐共生的状态,因此低碳生活也是快乐的。

误区五　低碳汽车能减少碳排放

一般说来,油耗越高的车,燃烧产生的二氧化碳就越多。消费者在判断一款车的油耗时,往往参照发动机排量和厂家提供的等速油耗,但这两个参数不能客观反映油耗问题。

1. 排量和油耗并没有直接联系,排量大的车有可能油耗低,排量小的车也可能油耗高;

2. 厂家提供的油耗数据往往是在理想状态下所测,参考价值有限,很难反映日常驾驶中的真实油耗。

误区六　新能源汽车就是低碳汽车

有人认为,与新能源汽车相比,传统动力汽车耗能更高。这个判断是片面的。传统内燃机是现有汽车动力系统中最成熟的,其单位里程的温室气体排放量之低是很多新能源汽车无法比拟的。

新能源汽车作为一个庞大的集合体，包含了各种不同类别的车型，除了使用风能、太阳能等清洁能源，以及通过核能发电驱动的新能源汽车可以称为零排放，其他大部分新能源汽车都是有排放的，只不过是将原本从汽车排气管中排出的二氧化碳转移到了发电厂或其他工厂的烟囱里。

误区七 使用节能产品就是低碳生活

说到低碳，很多人将它和节能产品画等号，以为购买具有节能功效的产品就实现了低碳。事实上，低碳所包含的内容很广泛，并不局限于节能产品本身。

1. 产品原材料的选取和生产过程应低碳。现在很多节能产品以PVC为原料，而PVC则是以石油为原料，这是一个高能耗的生产过程。这样的产品并不符合真正意义上的低碳概念。

2. 产品的使用寿命也是衡量产品是否低碳的标准之一。产品本身是节能的，但如果使用三五年就需要维修或彻底更换，这样的产品很难说是低碳的。

3. 交通运输方式的选择也体现着低碳。如果采用火车作为产品运输的交通工具，行驶百公里的碳排量是0.86千克，能有效减少因公路运输而产生的碳排放，因为1升柴油的百千米碳排量可达2.7千克。因而，采用火车进行产品运输，是在以实际行动践行低碳。

误区八 低碳生活只需低碳就好

事实上，低碳生活代表着更健康、更自然的生活方式。平时我们在生活中要做到：

1. 真心接纳低碳生活。低碳生活对大多数老百姓来讲，虽然新鲜，却是一种趋势、潮流，是一种全新的生活消费方式。在我们还未完全深刻理解其丰富内涵之前，可以在理性认识的基本上从内心深处尽可能地去接纳它。

2. 倾心融入低碳生活。作为普通公民来说,我们应该从一些生活细节入手,比如使用节能灯、节能型水龙头,少用或不用一次性筷子等,一点一滴地改变,就能自然而然地融入低碳生活中。

3. 精心呵护低碳生活。有许多问题值得深入探索,如何更好地利用太阳能、风能、核能等新能源;如何尽可能多地植树造林和优化树种结构,以吸收更多的二氧化碳。当真正去探索这些问题并着手去解决的时候,你就会发现,呵护低碳生活,我们要做的事还很多。

误区九 低碳生活就是政府的事

很多市民认为,低碳生活只是一种理论上的设想,对他们来说犹如"遥不可及"的梦想,与他们的日常生活距离太远。也有市民认为,低碳生活是一项系统工程,是政府的事情,依靠市民自身力量难以实现,与其这样,还不如按日常的生活方式"得过且过"呢。其实,在阻止全球变暖的行动中,不仅政府、企业需要制定有效的对策,每一个普通人都可以扮演重要的角色。比如:洗澡水温度调低 1 度,每次洗澡可减少二氧化碳 35 克;做完饭随手关掉抽油烟机,油烟机每天少转 10 分钟,一年能省 12 度电。而这些事情,政府又能帮上多大忙呢?

误区十 低碳生活全靠百姓践行

有人说低碳生活主要集中于市民的生活领域,是城市居民自己的事,主要靠市民自己转变观念、加以践行,政府及相关部门一方面无权干涉,另一方面对市民日常生活方式的转变也甚感乏力。专家则认为,政府及相关部门不仅是社会事务的管理者,更是百姓生活的服务者。低碳生活不仅仅是市民的自觉行为,也需要政府及相关部门营造一个低碳生活环境。比如建设低碳小区、扶持垃圾回收利用等"静脉"产业,以及对自觉实行低碳生活方式的市民给予一定的奖励等,这些都对形成良好的低碳生活方式具有"四两拨千斤"的作用。

调查：低碳生活知易行难

2010 年,北京网络媒体协会联合第三方万瑞数据公司,共同推出了《网民低碳生活调查报告》,从网民低碳认知概况、网民低碳生活知与行、网络实践的群体差异等方面,多角度了解网民的态度。

调查发现,低碳生活宣传和实践中,网民态度和准确认知、认知和实践、实践主体存在三大突出偏差。

偏差一：态度和准确认知不匹配

网民"低碳"的态度积极,但对"低碳"概念准确认知度低

97.8%的网民认为,低碳与我们的生活息息相关,并且94.2%的网民认为,应该倡导低碳经济而不是低碳生活;仅有10.5%的网民能够准确认知低碳概念,即降低二氧化碳的排放量。绝大多数网民存在低碳理解误区,62.8%的网民误认为是减少"以二氧化碳为代表的有害物质的使用量和排放量"。

调查者在对比不同群体对低碳准确认知率的差异时发现：男性的准确认知度高于女性,自由职业者、白领人士的准确认知度偏高,准确认知状况与学历关系不大,随着群体年龄的增长,准确认知度不断升高。

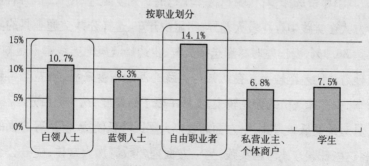

不同群体对低碳准确认知率的差异

偏差二：认知和实践不一致

一些低碳生活方式认知度不高，但已成为生活习惯，一些生活方式则明知低碳却难实行

在低碳饮食方式上，公众对各种低碳饮食方式的认知度基本在70%左右，认知水平较高；在实践层面，避免油炸、多吃菜少吃肉等养生类饮食方式的实践率均在75%左右，实践率较高。尽量喝淡汤、吃肉时多选择鱼禽类的实践效果较差，实践率仅为56%，实践率远低于认知度，差距在10个百分点以上。

在家居生活方面，公众对低碳生活方式的认知度偏低，大部分集中在60%—70%之间。大部分家居生活方面低碳方式的实践率在70%以上，手洗衣物、煮饭前提前淘米等方式的实践率相对偏低，尤其是使用手帕的实践率最低，仅为43%。其中，公众对使用手帕的知行偏差最大，认知度高于实践率34个百分点。此外，随手关灯、经常开窗通风、自备环保购物袋等方式的实践率高于认知度。统计数据表明，这类低碳生活方式在广大网民中已经形成习惯，网民应该继续保持。

在交通出行方面，公众的低碳生活方式认知水平较高，平均认知度在82%，其中尽量选择步行、骑自行车出行的认知度高达88%。但各种低碳出行方式在实践中存在较大差异，尽量少开车、选择公共交通工具的实践率高达86.9%，而出差时尽量选择火车、少选择飞机的实践率不足60%，与其他方式的差距较大。在认知与实践的匹配程度来看，出差时尽量选择火车、少选择飞机的偏差较大，实践率低于认知度16.3个百分点。

针对此类低碳方式，一方面需要广大网民降低便捷、舒适等方面的要求，将这些低碳方式付诸实践，另一方面需要政府加大宣传，提升公众低碳意识，并采取相应的配套措施。

在工作办公方面，公众对低碳生活方式的认知度在80%左右，认知水平较高;在实践层面,除办公室内种植净化空气植物的实践率不足70%以外,其他方式的实践率均在80%以上,实践状况较好;办公室内种植净化空气植物的实践率低于认知度8个百分点,知行偏差较大。

偏差三:实践主体差异大

老年群体是低碳生活的积极实践者,而作为社会中流砥柱的中青年实践明显不足

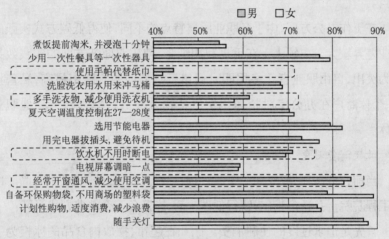

家居生活方面低碳生活方式实践的性别差异

在低碳饮食方式上,女性的实践率明显高于男性;从年龄差异上来看,除少购买大棚蔬菜这一低碳方式外,其他方式均为老年群体实践率最高,实践率随群体年龄增长而增长趋势显著。

在家居生活方面,实践者的性别差异显著。在使用手帕、手洗衣物、饮水机不用时断电、经常开窗通风等方面,男性的实践率明显高于女性;电视屏幕调暗的性别差异不大;其他方式女性实践率高于男性,其中自备购物袋的女性高于男性近10个百分点。

在家居生活方面,实践率随年龄增长而逐渐升高的趋势明显。年轻群体手洗衣物的实践率最高,中年人洗脸洗衣水用来冲马桶的低碳方式实践状况最佳,老年人在其他低碳生活方式上的实践率均最高。

在交通出行方面,实践者的性别差异、年龄差异不大,在职业方面存在较大差异。各职业群体在选择步行或骑自行车出行、尽量选择公共交通工具出行这两方面的实践率差别不大,均在80%以上;自由职业者在尽量选择火车、少选飞机出差方面的实践率最高,其他职业的实践率水平相当。

在工作办公方面,由于各职业所属特点的不同,使得低碳方式实践的职业差异较大。白领人士在重复利用纸张、使用双面纸方面的实践效果较为突出,自由职业者在多用即时通讯工具方面的实践率最高,私营业主、个体商户在办公室种植净化空气植物方面实践率远高于其他职业群体。

低碳消费避免三件事

当前,"低碳"已经成为一个流行词,年轻人以"低碳一族"为时尚。中国工程院院士孙铁珩指出,践行低碳生活,应避免三个消费方式误区:

首先是追求过度的便利消费。比如在超市,摆放肉食品的冰柜为了顾客方便,往往做成开放式的玻璃门,其实能耗巨大;又如上班用私家车,加剧了交通拥挤和能耗。有一组中外数据比较:在日本东京地区,私家车的一年使用里程为3 000千米—5 000千米,而我国则是10 000千米—15 000千米。

其次是一次性消费。如用水的一次性行为未受到重视,循环利用还有很大空间。孙铁珩说,60%的生活用水、80%的工业用水不需要特别干净的水;污水经过处理后,完全可以浇灌绿化、冲洗厕所、清洁街道,大大节约资源和能耗。

消费方式的第三个误区是奢侈消费倾向,小商品大包装的浪费司空见惯,私家车攀比大型、豪华而不计能耗。这种种表现都可说明,生态意识的真正树立在我国还有很长的路要走。

■ 第二节 低碳生活的 8 个 "一"

如果你觉得"低碳"只是每周少开一天车、不用面巾纸减少树的砍伐等,那你还没有真正了解低碳的要义。能与你心灵相通的"乐活"才是真正的"低碳",请试着从下面每个"1"开始,一点一滴收获属于你的乐活、低碳生活吧。

创造一个读书的理由

如果你没有读书的习惯,培养起来就要花些心思,一个舒适的沙发,一盏温暖的灯光,一杯清茶,先要营造一个美好的环境,不要怕被说成"伪小资",你需要得到自己重视自己的感觉。读的书目也千万不要是高深的大部头,建议从生活情调或是饮食情调读起,都更容易让你爱上生活。

学一个简单瑜伽动作

不能要求每个人都如印度奇人,所以没必要难为自己,你要首先明白,练习瑜伽最重要的是调理整个身心,而不是要求你必须做到某个动作。做一个动作的时候一定要先和自己的身心沟通,只有做起来舒服的动作才是最适合你的。所以,哪怕只是静坐冥想调息的最基础动作,只要你觉得能让你无比舒畅,你的此次练习也是成功的。

尝试自己种一盆植物

你是否看到过一颗种子破土而出的景象? 它会让你感受到生命力的神奇。也许你没有当园丁的天分,但是你总是会浇水的,所以选择一种植物吧,只需要浇浇水,它就能长得很好。既不会浪费你的时间也不会浪费它的生存价值。你只需要将种子种下,每天浇浇水,几天之后你就能看到惊喜。

每周手洗一次衣物

十分爱干净或者有家务常识的人都知道,其实用洗衣机洗衣服并没有用手洗的干净,尤其白色的衣物,很容易泛黄。所以,定时手洗一次衣物,并不单单是为了让你节省水源,更是为了你的健康,而且当你把一件自己心爱的衣服一点点洗净漂清的时候,当你的手切实地在水中感受到这样的变化时,对心情也是一种洗礼。

每月一次,把困扰的事写在纸上

就像垃圾分类一样,你的心情也需要整理,困扰自己好心情的事情总是在我们脑海里挥之不去,这个时候把它们写在一张纸上,在忽然想起的时候告诉自己,我已经处理过它,就能让自己不再去为此浪费时间,我们的记忆和时间需要更多放在开心的记忆与未来上面。

每天吃一种红色果蔬

草莓、番茄、樱桃、苹果,这些都对身体相当好,它们的美白、防晒、补血、防癌等功效对肌肤和身体都有帮助。还有一点很重要,心理学家说红色很容易给人温暖感和呵护感,所以,它们对你的心灵也是很好的慰藉。

每周尝试一道新菜

科学研究证明,味觉和幸福感联系紧密,当你吃到一款美味的时候你甚至会由衷感叹生活在这个世界上真好。所以每周选一天,美美地享受一下吧!千万不要有"我怎么是个大胃王"的愧疚感。当然,如果你正在减肥,能寻找到低热量的美味料理或素食会让你更有成就感和幸福感。

计划一次轻松的短途旅行

首先要弄明白自己的旅行目的,一次远的旅行,可能让你比平时更加疲惫。不要以为美好的风景只在天涯海角的地方,车程在 3 个小时内的近郊甚至是家门口的花园角落,其实都可以让你放松下来,当你发现一块未被开垦的度假处女地的时候还会有强烈的满足感。

第三节　易被忽略的 50 个低碳生活细节

节电细节

1. 随手关灯、关电器、拔插头是家庭节电的第一步；

2. 多爬楼梯少乘电梯，休息时间只开部分电梯，省下大家的钱，换来自己的健康；

3. 关掉不用的电脑程序，减少硬盘工作量，既省电也维护了你的电脑；

4. 养成定期清洗空调的习惯，有利健康同时也省电；

5. 没必要一进门就把全部照明灯都打开，留一盏足够照明亮度的主灯即可；

6. 洗衣机设置在强档比弱档更省事，还能延长机器寿命；

7. 空调外机都是按照防水要求设计的，给它穿外套只会降低散热效果，也就更费电；

8. 如果需要大量使用热水，不妨让热水器保持通电状态保温，因为保温一天所需要的电比烧热一箱凉水要少很多；

9. 如果只是用电脑听音乐，显示器可以调暗，或者干脆关掉；

10. 电视机在待机状态下的耗电量一般为开机状态下的 10% 左右，请停止使用遥控器开关电视机；

11. 买电器时注意节能指标，选择低耗能家电，这是最简单的节电方法；

12. 工作中需要安排会议时尽量缩短开会时间，可以节约大量能耗——照明、空调、音响等；

13. 冰箱内存放食物的量占总容量的 80% 为宜，过多过少都会增加

用电;

14. 尽量不要烘干衣服,挂根晾衣绳,让衣物多晒晒太阳吧;

15. 多选择户外运动健康又环保,"宅"在家里很费电的;

节水细节

16. 衣服攒够一桶再洗不是懒,而是为了节约水、电;

17. 完美的浴室未必一定要有浴缸,已经安了浴缸未必每次都用,已经用了请用洗澡水冲洗马桶;

18. 不是只有把水龙头开到最大才能把蔬菜、碗盘洗干净,这些都只是心理作用;

19. 要做到一水多用,淘米水洗菜,洗完菜的水可以用来拖地,清洁后的水可以用来浇花、冲马桶;

20. 洗衣粉出泡多少与洁净能力之间没有直接联系,而低泡洗衣粉可以比高泡洗衣粉少漂洗几次,省水、省电、省时间;

21. 洗干净同一辆车,用桶盛水洗只有水龙头冲洗量的 1/8;

22. 把马桶水箱里的浮球调低 2 厘米,一年可节省 4 立方米水;

23. 建立节省档案,把每月消耗的水、电、气记录在案,做到心中有数;

24. 尽量选择淋浴洗澡,比盆浴节约用水 80% 左右;

25. 一个没关紧的水龙头在一个月内就能漏失 2 吨水,请避免家庭用水跑、冒、滴、漏;

节油细节

26. 如果堵车队伍太长,还是先熄了火,耐心等待一会儿吧;

27. 定期检查汽车轮胎车压,胎压过低、过高都会增加油耗;

28. 一般的车用 93# 号汽油就可以了,盲目使用 97# 号汽油既费油,还伤发动机;

29. 有一种选择可以同时达到省钱、省能源、减轻疲劳或减少交通压力,以及增进人际关系的作用,那就是拼车;

30. 相比开车来说,骑自行车上下班的人不必担心油价上涨,也不必担心体重增加。每周选择两天外出业务少的日子骑车上下班,履行每月少开一天车的社会职责;

31. 不必一定要开车去郊区种树,在家养些花草也一样可以改善空气质量;

32. 养成基本的省油小窍门:少用急刹车,把油门放松,短距离内使汽车利用惯性滑行;

33. 气候变暖是自然界对人类过度使用资源的"报复",与日俱增的汽车尾气排放便是头号"罪魁";

34. 外出游玩时,随车携带折叠式自行车,到达目的地后换用自行车出游,真正做到与大自然亲密接触;

35. 汽车耗油量通常随排气量增加,不互相攀比,不追求奢华享受,在承担代步作用的基础上,尽可能选购小排量汽车;

日常生活细节

36. 用电子邮件代替纸质信函;

37. 办公纸张采用双面打印;

38. 10年前乱丢弃电池可能是无知,现在就完全是不负责任了;

39. 利用太阳能这种环保能源最简单的方法,就是尽量把工作放在白天做,夜晚加班需要增加大量电能消耗;

40. 尽量少使用一次性牙刷、一次性水杯等一次性产品,因为制造它们所耗费的石油也是一次性的;

41. 保护生物物种,抵制滥杀滥伐的第一步就是杜绝对皮草服饰的痴迷;

42. 一个5毛钱的塑料袋造成的污染是5毛钱的50倍,外出购物请选择使用环保购物袋;

43. 未必只有红木和真皮才能体现你的居家品位,建议使用竹制家具,因为竹子比树木生长得快;

44. 把一个孩子从婴儿养育到学龄前,花费确实不少,部分玩具、衣物、书籍用二手的也可以;

45. 不必要的话,尽量购买本地、当季的产品,运输和包装常常比生产更耗能;

46. 科学的勤俭节约是优良传统,剩菜冷却后用保鲜膜包好再放进冰箱,因为热气不仅增加冰箱的负荷,还容易结霜,产生双重耗电;

47. 衣服多选棉、麻或丝绸的面料,不仅环保、时尚,还优雅、耐穿;

48. 实验证明,中火烧水最省气;

49. 过量食肉只会伤害动物、你自己和地球:请多吃素食;

50. 随身常备筷子、勺子,环保购物袋也是环保人士的一种标志。

chapter 3 >>

第三章
低碳·饮食篇

饮食与低碳生活有关系吗？毫无疑问,关系最重大,尤其在我国。

就拿李先生来说吧。他是公司总经理,身为领导的他,难免要赴一些无可奈何的"关系饭局"。春节前李先生请关系单位和相关行政单位的一些朋友在市中心一家老字号餐厅用餐。他想,菜点少了吧,怕对客人显得不尊重没诚意;点多了吧,海鲜、大肉一大桌吃不了看着实在心疼;打包吧,又抹不开面子怕人笑话。李先生说,这么大吃大喝肯定不低碳,但他也确实想不出更好的办法来。

看着赴宴的朋友们大腹便便,李先生觉得既不健康又不低碳。他想知道吃与低碳有什么关系,怎样才算吃出健康,吃出低碳?

对于李先生的疑问,一位网友在博客中幽默地回答说:"既然吃席是中国人生活中不可缺少的一部分,那低碳可以从吃席开始。中国人喜欢坐席。吃席是身份、是待遇、是亲情、是友善、是交易、是利用……反正什么都是。中国人每年参加各种宴席的机会很多,天天有酒席、日日有宴请是尊贵身份的象征。三日一小宴,五日一大宴是派头、人缘。"

有人算过这样一笔账:宴席是需要食材的,食材的生产离不开耕作、栽培和养殖,而耕作、栽培和养殖是需要碳排放的;此外,制作宴席还需要燃料,制作宴席越多,用的燃料越多,碳排放就越多;再有,吃席是需要邀请人的,吃席的人越多,用于出席的交通工具就越多,碳排放也就越多。不但如此,中国人吃席是很讲究的,上的菜越多,表明请客的人越诚心;剩的菜越多,说明宴席的标准越高;菜做得越多,剩得越多,碳的排放就越多。剩下的倒掉,倒掉是要运走的,碳排放又是必不可少的。

我们不妨这样来思考一下:少倒掉一点酒席剩菜,少一些运酒席垃圾的车辆,少制作一些菜肴,少用一些食材和燃料,少一些大吃大喝的吃席活动,少一些吃席的人,少一些用于吃席的交通工具……如此一来,碳排放是不是就可以减少很多呢?

不光吃席会造成大量的碳排放,就是在日常生活中,怎样吃、吃什么也决定了碳排放的多少。

人们对于吃肉过多的危害,往往只限于健康上的考量。事实上,科学家们早就对过多饲养家畜可能引发环境的问题提出过警告。联合国一项报告称,牛排放的废气是导致全球变暖的最大元凶,全球 10.5 亿头牛排放的废气,甚至超过了汽车、飞机等人类其他交通工具排放的二氧化碳总量;猪排放出的甲烷也相当惊人。《新民晚报·新智周刊》曾发表文章指出,由于人类食用的牛、羊等动物打嗝或放屁而产生的"废气",严重污染大气环境,限制它们的数量成了当务之急,科学家们已经着手研究制造能让这些动物吃了不打嗝不放屁的饲料……

所以,我们将低碳饮食放在首位,也希望读者能从低碳饮食开始,培养自己的低碳生活习惯,找到适合自己的低碳生活方式,为节能减排出一份力。

第一节 低碳饮食

什么是低碳饮食

低碳饮食,就是低碳水化合物,主要注重严格地限制碳水化合物的消耗量,增加蛋白质和脂肪的摄入量。这是阿特金斯医生在 1972 年所写的《阿特金斯医生的新饮食革命》中第一次提出的。

《全民节能减排手册》书中指出,每人每年少浪费 0.5 千克猪肉,可节能约 0.28 千克标准煤,相应减排二氧化碳 0.7 千克。如果全国平均每人每年减少猪肉浪费 0.5 千克,每年可节能约 35.3 万吨标准煤,减排二氧化碳 91.1 万吨。更有数据表明,吃 1 千克牛肉等于排放 36.5 千克二氧化碳;而吃同等分量的果蔬,二氧化碳排放量仅为该数值的 1/9。所以多吃素少吃肉,不仅有益身体健康,还能减少碳排放量。

低碳饮食的特点是什么

低碳饮食法最大的特点是可以使人在不知不觉中减掉体内的脂肪,为忙于应酬、无暇锻炼或因工作、生活的不科学而导致身体出现赘肉的人提供一种简单、快速、有效、并持续终身的减肥以及营养饮食法。

从美国总统克林顿到好莱坞明星珍妮佛·安妮斯顿、布拉德·皮特,都是阿特金斯减肥法的受益者和执行者。阿特金斯法享誉美国,以至于可口可乐公司不得不根据消费者的建议推出低糖的"健怡"和"零度"可乐。美国哈佛大学和美国农业部,借鉴阿特金斯的健康膳食金字塔,制定出推荐给全民使用的科学饮食金字塔。新东方教师徐小平在其博客上称低碳饮食法让他"20 天减 10 千克"。

低碳饮食的优缺点

优点:

减肥:减少碳水化合物摄入量后,人体由利用碳水化合物获取能量转变为将脂肪作为主要能量来源,由此实现减肥效果。

保持体重:每个人都有一个可使自己的体重保持不变的碳水化合物摄入水平。为确定这一水平,阿特金斯计划逐步增加人体的碳水化合物摄入量,直到体重保持不变为止。

健康:阿特金斯饮食法鼓励节食者在必要时将营养丰富的食物配合维生素和营养补充剂一起吃。

预防疾病:减少碳水化合物摄入量并由此减少胰岛素的产生有助于预防糖尿病等疾病。

缺点:

引发便秘以及因酮体过量引起的口臭。

低碳饮食基本法则

低碳饮食是哈佛大学的健康研究成果,他们提出了一种全新的低糖碳、低血糖生成指数(GI)、高营养的食疗方法,倡导适当提高蛋白质和脂肪的摄入量,减少糖和精制碳水化合物的摄入量,多吃低血糖生成指数、高营养成分的食物。除了对食物的严格筛选之外,不加热和不调味(100%生食),避免所有化学污染(100%有机食品和用品)也是低碳饮食应该遵循的原则。

低碳饮食的基本法则主要包括以下几条:

1. 尽量不吃米、面、面包等高碳水化合物的食物。

2. 中餐和晚餐要有蛋白质和蔬菜。

3. 晚餐在9点前吃完,9点之后除了喝水,任何东西都不吃。

4. 鱼、海鲜、贝类可与肉类交替吃,一餐选一种蛋白质即可,不要同时吃鱼和肉。

5. 经过复杂料理的汤汁(如煲汤)不要喝,尽量喝清汤,不喝浓汤类。

6. 避免油煎、油炸、勾芡、裹粉等烹调方式,蒸、煮、烫最好。

理论和实例证明,如果能保持50%以上低碳饮食(50%以上低碳食品,50%以上生食,50%以上有机食品和用品,外加每日营养素补充剂),便可以有效控制肥胖、"三高"、糖尿病和癌症等慢性疾病的流行,从而改善我们的体质、提升我们的精神状态,并且还能够节约能源,保护环境。

碳水化合物三大罪状

精制碳水化合物使人营养缺乏

科学研究发现,碳水化合物营养有限,特别是如今无处不在的精制碳水化合物,如精制白米、白面,包括由白米、白面加工制成的各种食品等,其提供的营养几乎为零。卫生部的报告显示:中国居民的大部分营养素摄入量在下降,包括蛋白质(氨基酸)、维生素A、维生素B(族)、维生素C、钙、铁等营养素摄入量全面下降,因为在精制糖、精制米面、精制油中,大部分维生素和矿物质已经荡然无存,所以,吃得越精细,营养就会越缺乏,由此出现头痛、失眠、疲倦、乏力、记忆力下降等许多亚健康症状。

导致"年轻化病症"

碳水化合物一经摄入就会被分解,乳糖和葡萄糖通过口中的毛细管输进入身体的血液循环,由此所产生的最初信号使胰腺开始生产胰岛素。胰岛素通过调节细胞中所吸收的糖量来调节血糖水平,血糖负荷越重,血糖水平也就上升越快,从而导致高血糖。因为碳水化合物在体内分解后终究是糖,除了一小部分转化为能量外,其余大部分便转化为脂肪,肥胖、三高及代谢综合征也由此而产生。研究显示,糖至少有"七宗罪",导致Ⅱ型糖尿病、心血管疾病、降低智力、引起肥胖、破坏牙齿、损坏皮肤、降低精力,很多与年龄相关的病症开始呈年轻化趋势。

令脂肪燃烧受阻

当摄入碳水化合物、血糖水平处于高峰时,身体脂肪就不会进行燃烧。当有机体提供足够数量的糖进入细胞内时,血液中所增加的糖的数

量就储存在肌肉和肝脏之中。由于这个库存很快就会满载,糖分子就积聚在人体储存的脂肪之中,这样人体的脂肪值也随之上升。由于库存的脂肪大部分积存在腹部、臀部和大腿上部之中,于是便形成了体重超重的人的典型体形。

低碳饮食的 20 个益处

低碳饮食方式并不是要急剧地降低卡路里热量,相反,低碳饮食方式确保输给人体生命所必不可少的营养素和维生素,以保持新陈代谢顺利运行。低碳饮食方式的营养构成:大量植物和动物蛋白质、富含纤维素和维生素的蔬菜、沙拉、核桃、豆类和奶制品以及少量低血糖负荷的碳水化合物。

饮食方式转为低碳饮食就能自动增加摄入纤维素物质和副植物素以及维生素、矿物质和微量元素,这无疑对瘦身和健康裨益匪浅。饮食方式转变开始时,可能产生不完全如食用较大量的碳水化合物那样的适宜感,但在习惯低碳饮食方式和新陈代谢转变之后,人体就会重新恢复健康活力。由于血糖水平稳定和血糖水平波动减少,就不再容易受到饥饿袭击,从而有效控制体重。此外,低碳饮食方式还会提高我们的抗应激反应的能力和自身的修复能量。

简单来说,低碳饮食的益处主要有:

1. 瘦身:减少碳水化合物摄入量后,人体由利用碳水化合物获取能量转变为将脂肪作为主要能量来源,由此实现减肥效果;

2. 增加身体的能量和活力;

3. 降低对甜食的欲望;

4. 提高情绪;

5. 对抗强迫性和情绪性饮食;

6. 提升口腔卫生,维护牙釉质和牙龈健康;

7. 促进关节健康;

8. 减少肌肉疼痛；

9. 减少头疼症状；

10. 改善女性月经前不快症状；

11. 改善肠胃不适，如灼烧感；

12. 改善肌肤状况；

13. 提升体内的甘油三酸酯，提供身体能量；

14. 降低导致糖尿病的血糖；

15. 增加高密度脂蛋白胆固醇；

16. 提高胰岛素的敏感性，促进代谢；

17. 降低血压；

18. 降低血液胰岛素水平；

19. 同高碳水化合物节食相比，只有较少的肌肉数量丧失；

20. 生酮饮食法(一种低碳饮食的方式)可用于治疗身体的某类紊乱症。

链接：什么是生酮饮食法

生酮饮食是一个高脂、低碳水化合物和适当蛋白质的饮食，它模拟了人体饥饿的状态。脂肪代谢产生的酮体作为另一种身体能量的供给源可以产生对脑部的抗惊厥作用。其具体的抗惊厥机制还不清楚。一般认为可能有以下几方面：

1. 改变脑的能量代谢方式；

2. 改变细胞特性，降低兴奋性和缓冲癫痫样放电；

3. 改变神经递质，突触传递，神经调质的功能；

4. 改变脑的细胞外环境，降低兴奋性和同步性。

生酮饮食法用于治疗儿童难治性癫痫已有数十年的历史，虽然其抗癫痫的机理目前还不清楚，但是其有效性和安全性已得到了公认。

■ 第二节　如何做到低碳饮食

在食材方面要做到——

少红肉，减碳排

联合国粮农组织的数据指出，肉类生产碳排放量占全球温室气体总量近 1/5，比汽车和飞机的碳排总和还高。这其中又以牛肉的碳排量最高，生产 1 千克可食用牛肉所需的饲料，比生产同等分量的猪肉高近四成。另外生产 1 千克鸡肉需 2 千克—3 千克粮食，而 4 千克—6 千克粮食才能转化为 1 千克猪肉，所以吃鸡肉对环境造成的压力远小于吃猪肉。

从健康的角度来说，少吃肉同样重要。动物食品中的脂肪和蛋白质过量，会招来高血脂、高血压等许多"富贵病"，同时增加多种癌症的风险。此外，动物食品多会被多重污染，大鱼大肉的饮食会给人体带来更多污染物质。

多粗粮，免加工

我国的传统膳食结构就是以植物性食物为主，养生之道也要求人们"五谷为养，五菜为充"，即要节制饮食，清淡为主。按中国营养学会推荐，每天进食 250 克—400 克谷类、薯类及杂豆，就是既安全又营养的选择。

而这个建议也与低碳饮食不谋而合。一亩耕地用来种植大豆，可获得 60 千克蛋白质，满足一个人 85 天的蛋白质需要；如果用来种粮食配成饲料养猪后再食用猪肉，仅能产蛋白质 12 千克，满足一个人 17 天的需要。因此，用全谷替代一部分精米白面，无疑会大大减少自然环境的负担。而且，粗粮未经精细加工，维生素和矿物质含量是精米白面的 3—5倍，对预防糖尿病、高血脂更有好处。

本地菜，省运输

首先，本地的蔬菜、水果味道更好，因为本地产品可以做到九成熟采摘，而长途运输的产品必须在六七成熟时采摘；其次，经过长途运输，果蔬中的营养物质会受到一定程度的损失,不及本地产品营养价值高。最后,为了使长途运输的果蔬保持新鲜,难免要用些保鲜剂。

而从环保的角度来说,消费当地的食物,还可以间接减少运输能耗,减少碳排放量。有个新名词叫"食物里程",就是指食物从产地送到嘴里的距离,距离愈远,消耗能源愈多,二氧化碳排放量越多,也就越会给地球带来更大负担。

除了选择本地食物,还提倡吃"应季食物"。这些食物在正常节令产出,能得到足够的阳光和热量,含有正常的营养保健成分。同时,非当季的水果在生产过程中也会消耗更多的能源,给环境带来更大负担。

在采购方面要做到——

勤采购,更省电

去超市采购食品,是日常生活中必不可少的一环,食品采购环节除了必备的环保购物袋,还有许多要注意的低碳选购细节。

首先要勤于采购。为了节约能源,每次购物量小一点,购物次数多一些。这样,一方面能避免在冰箱中囤积一大堆食物,浪费许多电能。又可以避免食物变质,造成浪费。最后,勤于采购还能让你吃到更新鲜、营养更丰富的食物。

零包装,无污染

现在,食品的过度包装已成"公害"。天价洋酒、天价保健品、中秋节的天价月饼不仅包装浪费,还增加了环境垃圾,而且对健康并无益处。资料显示,一些食品的包装成本已占到食品总价的70%。

拒绝过度包装,倡导环保、低碳包装将是大势所趋。从消费者自身来说,首先,要尽量选择可重复再用和再生的包装材料,如啤酒、饮料、酱油、醋等包装采用玻璃瓶可反复使用。其次,选择简装或者大包装。一些膨化食品、饼干等零食,保质期较长,可以选择大袋,小袋的食物会徒增环境污染。

少精细，减能耗

多选完整食物，少选加工食物。完整食物，即少加工、少人工添加物、无化学肥料、无农药的天然食物，例如吃一个苹果，而不是一杯苹果汁；吃一个马铃薯，而不是一包薯片。摄取完整无害的食物，可获取直接而大量的营养成分，又减少了加工、包装和储藏过程中的巨大能耗，不仅收获健康，还能低碳环保。

精细加工意味着更多的食品添加剂，这些物质的碳排放量远远高于天然食物。以氢化植物油为例，可以让食物酥脆又耐久放，现在市场上出售的炸鸡、炸薯条、盐酥鸡、油条、经油炸处理的方便面或烘焙小西点、饼干、派、甜甜圈等，都经常使用这种油脂。这类食品经过油炸或酥化后，改变了食物本身的色、香、味，更加容易引起人们的食欲，成为饭店、餐厅，甚至家庭餐桌上的常备菜。但是，不仅油炸过程可能产生毒性物质，氢化植物油本身就有害健康。

少买瓶装水、袋泡茶、各式饮料。一瓶550毫升的瓶装水的产生伴随着44克二氧化碳的排放。生产相同质量的瓶装饮用水、桶装饮用水及普通白开水的能耗比为1 500∶500∶1，也就是说生产瓶装水、桶装水的二氧化碳排放量是普通白开水的1 500倍和500倍。

低碳烹饪方法排行

蒸

蒸用水蒸气加热，热效率非常高，成菜时间最短，对资源的占用也最小。同时，蒸菜时原料内外的汁液挥发最小，营养成分不受破坏，香气不流失。蒸不但减少营养流失，而且减少烹调油脂，避免油烟产生，减少了污染物和废气的排放。

煮

同蒸一样，煮不需要油脂，能减少油烟，也是碳排放很少的烹调方法。不过煮的时候，水溶性的营养素和矿物质会流失一些，而且煮的效率也低于蒸。

凉拌

对一般蔬菜来说,凉拌是最低碳也最健康的吃法。但如果是草酸含量稍微高一些的蔬菜,比如苋菜、菠菜、茭白等就要焯一下再拌。

白灼

白灼时需要加入少量油盐,烹调时间较短,同时不会产生油烟,多用于质地脆嫩的菜肴。白灼的原料适用范围很广,荤素皆可。同时,白灼也能很好地保存营养素。

煲汤

煲汤是动物原料的低碳吃法,比如用排骨煲汤就比香酥小排或者糖醋排骨更低碳。不过许多人喜欢"老火靓汤",其实这样不但会增加碳排放,而且还会影响健康。建议煲汤时间不要超过一个半小时。

炖

一般清炖不需加额外的油脂,而炒炖等方法要先把原料炒一下再炖,因此用油量会比煲汤多。建议低碳炖肉法多选用清炖,或用新鲜蔬菜比如番茄、芹菜等来调味,搭配莲藕、土豆等使营养更均衡。

炒

烹调时间较短的炒法,可以保持原料中的大部分营养。然而,热油爆炒或长时间煸炒会产生一定的油烟,用油量多,营养素损失大,同时碳排放较多,不建议经常使用。

烤

烤,是从外部加热,缓慢渗透到内部,虽然口感外焦里嫩,但能量损失特别大。因此烤箱也常常是家里的"耗能大户"。炭火烤制更是可能排出含有致癌物的气体,不利于大气环保。

炸

在油炸过程中,蛋白质、脂肪、碳水化合物等营养素在高温下发生反应,不

但营养会受损,还会生成许多致癌物质。另外,油炸过程中产生的大量油烟会污染空气,尤其厨房中有害物质扩散较慢,对健康会造成极大的危害。

四大低碳厨具

电磁炉

电磁炉的工作原理和传统炊具不同,它的热效率要比所有炊具的效率平均高出近1倍,是典型的绿色炊具。电磁炉可以根据不同的烹调要求调节能耗,更加低碳节能。

微波炉

普通炉灶是从食物外部加热。而微波炉则是热量直接深入食物内部,所以烹饪速度比其他炉灶快4—10倍,热效率高达80%以上。目前,其他各种炉灶的热效率无法与它相比。同时,因为微波炉烹饪的时间很短,能很好地保持食物中的维生素和天然风味。

焖烧锅

把生的食物放进内锅,在炉子上煮开后,把内锅放入外锅里盖上锅盖,食物可以继续保持高温焖热,直至熟烂。用焖烧锅来煲汤、煮粥或是炖肉,能缩短60%—80%的烹调时间,减少燃料或电的消耗。焖烧锅在密封状态下焖煮食物,也较好地保持了菜肴的原汁原味和营养。

多层蒸锅

给蒸锅升升级,下层蒸茄泥,上层蒸南瓜,把两道蒸菜的烹调过程合并,既节约了空间和时间,也减少了能源消耗。

8招助您实现低碳饮食

第1招　冰箱只装七分满

国外环保团体统计,我们买来的食物平均有三分之一不是被吃掉,而是被丢掉的。而未吃完的食物进了垃圾掩埋场以后,又转变为造成地球暖化的气体。

家里人口不多,又不天天开伙的话,分次购买小包装的食物既能保持新鲜,又避免浪费。并且每次烹煮食物的分量,尽可能以当餐吃完为宜。

冰箱只装七分满,并且每星期清理一次,看是否有即将过期的食物,赶快烹调吃完。

第 2 招　适当生食,省去烹调

来一盘生菜沙拉,不需要煮,也减少维生素 C 等营养素因为加热而流失。

不过,并非所有蔬果都适合生食,例如豆类里含有豆类皂素,必须经过加热破坏才可食用,否则会引起胃肠道问题。还有含大量草酸的蔬菜,如菠菜、苋菜等,也不宜生吃。

第 3 招　先解冻再烹调

冷冻食物先解冻再烹调,会比直接丢下锅煮节省很多时间和煤气电力。如果来不及移到冷藏室慢慢解冻,可以利用微波炉快速处理。

食材煎、炒、烤之前,尽量先把水分沥干,例如煎鱼时,把鱼身擦干再入锅,而锅具、水壶要放上煤气灶使用之前,也先把锅底、壶底的水分湿气擦干。因为多余的水分要蒸发,需要耗费一些热能,延长烹调加热时间。

第 4 招　集中食物一起烹调

使用烤箱时,将多种食物同时放进去烤,一次完成可节省能源。或者水煮食物时,只煮一锅沸水,将多种食材按先烫蔬菜、后烫肉类海鲜的顺序,一次烫煮熟,既不用换水,也不必一再起火把水煮滚。

此外,煮或焖炒食物,随手把锅盖盖上,不让热能散失,维持一定热度,可以缩短烹调时间,当然也减少耗费煤气。

第 5 招　混用多种烹调法

煎鱼时,不要直接将生鱼放进平底锅里煎,而应先把鱼放入烤箱微烤至半熟,烤出一些鱼油,再移到平底锅,不必再加油,小火稍微煎一下,很快就全熟可吃了。

如此不必一直燃烧煤气,也不至于因为不擅控制火候,造成煎鱼失败,如鱼皮粘锅、外焦内不熟等。

第6招　有效使用节能锅具

有些锅具一次可以烹调多道食物,例如多层的电锅或蒸炉,可以用下层同锅煮饭或炖鸡汤,上层同时蒸包子、馒头或热菜,省电又方便。

利用"蒸"取代"煮",一方面省水,另一方面可保住较多营养素。因为水煮过程会让营养素流失到水里。如用蒸气可将蛋煮热,将三张卫生纸喷湿,铺在电锅底,再放上洗净的蛋,蒸6分钟左右,等电锅跳起后,再焖几分钟,就可以轻松完成"蒸蛋"。

此外,焖烧锅也是方便节能的锅具,可利用余热将食物焖到熟软。

保温效果好的还有陶锅,因为陶锅加热之后,散热较慢,可以用余温继续将食物煮熟,而且不起油烟。

第7招　使用大小合宜的锅具

锅具愈大,耗能愈多。家里使用锅具的大小宜适中,四人份食物就不需要用八人份的大锅。

此外,使用煤气时,火不应开得太大,火焰如果大到超出锅底沿,实际上对加热并没有太大帮助,反而浪费煤气。记得定期清理煤气灶,避免油垢累积而堵塞出火孔,使火力变弱,烹调时间加长,白白消耗煤气。

第8招　用自然太阳能加温

夏日炎热的太阳是很好的免费能源,例如用来加热饮水,将要烧开的生水倒进水壶或金属锅具里,紧闭盖子后,放到太阳照射的地方数小时,提高水温,然后再移到煤气灶把水烧开,可以缩短烧水时间。

外出就餐怎样做到低碳

点菜"少而精",不浪费

比起外出就餐,自己做饭不但更节约能源、经济实惠,还更加健康营养。

曾经有报道指出,一家餐馆一天产生的剩菜可以达到100千克。在餐馆里吃饭要做到低碳,就一定不能浪费。数据显示,少浪费0.5千克粮食可节能0.18千克标准煤,相应减排二氧化碳0.47千克。

吃少而质量高的菜肴,既满足了味蕾,又体现了自身品位,还能节约金钱和能源。长期坚持下去,可形成健康的饮食习惯,也能降低医疗成本。不同的餐馆菜量不一样,建议大家进了餐馆先观察下其他桌的菜量,再酌情点菜。

拒绝"一次性"筷子,保护森林

据统计,我国每年消耗一次性筷子450亿双。3 000双一次性筷子等于一棵20年的大树,一年因此需要砍伐大约2 500万棵大树,减少森林面积200万平方米。自带方便筷子,或者向餐馆索要重复使用的消毒筷,可为环保作出大贡献。少用一次性筷子对身体健康也大有好处。一次性筷子制作过程中经过硫黄熏蒸,并用过氧化氢漂白,打磨过程还使用滑石粉,都是有害人体的物质。

自带手帕,不用餐巾纸

生产1吨餐巾纸,大约要砍掉17棵直径在20厘米左右的成年树木。如果用手帕代替餐巾纸,每个人每年至少能节约1千克的餐巾纸。

■ 第三节　全球公认的健康食物排行

最佳水果:依次是木瓜、草莓、橘子、柑子、猕猴桃、芒果、杏、柿子和西瓜。

最佳蔬菜:红薯既含丰富维生素,又是抗癌能手,为所有蔬菜之首。其次是芦笋、卷心菜、花椰菜、芹菜、茄子、甜菜、胡萝卜、荠菜、茎蓝菜、金针菇、雪里红、大白菜。

最佳护脑食物:菠菜、韭菜、南瓜、葱、椰菜、菜椒、豌豆、番茄、胡萝卜、

小青菜、蒜苗、芹菜等蔬菜,核桃、花生、开心果、腰果、松子、杏仁、大豆等壳类食物以及糙米饭等。

最佳食油:玉米油、米糠油、芝麻油等尤佳。

荤素食物营养成分对比表

素食糖类之来源表

名　称	百分量%	名　称	百分量%
粳　米	78.75	生栗子	41.47
糯　米	77.93	炒栗子	52.31
玉　米	72.25	白　果	53.43
绿　豆	57.78	红　枣	62.94
豌　豆	61.69	干莲子	65.99
冬　菇	62.11	南瓜子	38.22
香　菌	59.19	桂　圆	68.77
小　麦	70.00	百　合	28.7
蚕　豆	65.95	萝卜干	36.2
黄　豆	28.00	海　带	22.35
赤小豆	57.4	发　菜	28.95
黑小豆	42.88	雪　耳	68.01
芽　菜	35.75	杏　脯	59.30
干金针	55.25	葡萄干	72.32
笋　干	29.35	椰　子	31.150
荔　枝	56.4	香　瓜	66.2
西瓜子	26.5	花　椒	35.08
李　子	20.1	杏　仁	25.15

普通植物性食品之脂肪含量表

名　称	百分计%	名　称	百分计%
花　生	48.60	杏　仁	48.60
黄　豆	20.20	杌　仁	62.00
腐　皮	18.80	葵花子	47.89

（续表）

名　称	百分计%	名　称	百分计%
豆腐干	9.00	青　豆	18.30
黑小豆	6.45	核　桃	66.85
毛　豆	7.10	松　子	63.25
榛　子	50.15	大　米	2.51
椰　子	57.40	红　米	4.54

普通动物性食品之脂肪含量表

名　称	百分计%	名　称	百分计%
牛肉(半肥瘦)	13.50	鲈　鱼	1.62
羊肉(半肥瘦)	25.00	鲤　鱼	1.59
猪肉(半肥瘦)	59.80	鲫　鱼	0.73
鸡肉	1.22	鱼　翅	0.28
鸭肉	5.90	海　参	0.27
鹅肉	11.20	蟹	3.40
鸡蛋	15.00	蛤	0.82
黄花鱼	0.76	大　虾	1.56

最普通植物性食品含钙、磷、铁

名　称	钙	磷	铁
黄　豆	0.19	0.631	0.010
毛　豆	0.10	0.219	0.006
豆　腐	0.273	0.090	0.002
腐　皮	0.733	0.459	0.006 9
蚕　豆	0.131	0.382	0.005 7
菠　菜	0.019	0.048	0.016 3
萝　卜	0.038	0.025	0.001 8
姜	0.042	0.055	0.004 9
辣　椒	0.044	0.049	0.001 7

(续表)

名　称	钙	磷	铁
发　菜	0.329	0.203	0.099
冬　菇	0.061	0.343	0.008 9
赤小豆	0.067	0.305	0.005 2
黑小豆	0.062	0.278	0.012
眉　豆	0.642	0.210	0.004 5
小白菜	0.141	0.029	0.003 9
生　菜	0.035	0.041	0.001 2
芋　头	0.039	0.049	0.003 9
莲　子	0.089	0.28	0.006 4
雪　耳	0.643	0.25	0.030 4
西瓜子	0.238	1.139	0.008 7

最普通动物性食品含钙、磷、铁

名　称	钙	磷	铁
牛肉(半肥瘦)	0.005	0.179	0.002 1
猪肉(半肥瘦)	0.006	0.1	0.001 4
鸭肉	0.001 1	0.145	0.004 1
蟹	0.026	0.004 5	0.000 3
鸡蛋	0.058	0.248	0.004 3
羊肉(半肥瘦)	0.011	0.129	0.022
鸡肉	0.013	0.189	0.002 8
鹅肉	0.013	0.023	0.003 7
鲤鱼	0.028	0.176	0.001 3

普通植物性食品蛋白质成分表

名　称	蛋白质分量%	名　称	蛋白质分量%
大　米	13.18	赤小豆	19.06
红　米	13.73	黑小豆	32.45

（续表）

名　称	蛋白质分量％	名　称	蛋白质分量％
小　麦	12.40	冬　笋	4.01
麦　皮	14.38	干辣椒	15.50
麦　根	20.29	发　菜	20.92
挂　面	10.20	雪　耳	6.60
燕　麦	15.60	木　耳	9.42
玉　米	7.87	冬　菇	13.98
黄　豆	40.50	香　菌	14.38
毛　豆	15.20	白　果	6.48
豆腐干	18.50	花　生	28.00
腐　皮	32.90	葵花子	30.36
豆　豉	17.23	杏　仁	25.15
绿　豆	22.97	黑　枣	5.11
豌　豆	23.64	核　桃	15.78
蚕　豆	19.32	松　仁	15.33

普通动物性食品蛋白质成分表

名　称	蛋白质分量％	名　称	蛋白质分量％
牛　肉	14.50	河　虾	17.54
羊　肉	13.32	鲤　鱼	18.12
猪　肉	9.45	乌　鱼	18.29
鸡　肉	23.30	黄　鱼	18.80
鸭　肉	13.05	鲈　鱼	17.82
鹅　肉	10.80	银　鱼	6.33
田　鸡	15.92	鸡　蛋	12.33
蟹	16.00	鸭　蛋	14.24
蛤	12.86	鹅　蛋	13.14
青　虾	15.02	鸽　蛋	10.30

最普通之肉类含糖表

名　称	百分计％	名　称	百分计％
牛　肉	4.06	田　鸡	0.17
猪　肉	0.95	虾	1.05
羊　肉	0.65	蟹	0.3
鸡　肉	0.1	大鸡蛋	0.81
鹅　鸭	0.13	鱼　翅	0.2
鲤　鱼	0.17	鲫　鱼	0.09

荤素食品营养成分比较表

（每 100 克含量）

	成分\菜名	蛋白质克	胆固醇毫克	热量千焦耳	钙毫克	铁毫克	维生素B₁毫克	维生素B₂毫克
荤	鲤鱼	13.0	93	259	54	2.5	0.06	0.07
	千张(百叶)	35.8	—	1 285	169	7.0	0.03	0.04
荤	河虾	17.5	805	318	221	0.1	—	—
	紫菜	28.2	—	1 293	343	33.2	0.44	2.07
荤	螃蟹	14.0	235	343	141	0.8	0.01	0.51
	豆腐干	19.2	—	686	117	4.6	0.05	0.05
荤	鳜鱼	18.5	96	443	79	0.7	0.01	0.10
	豌豆	24.0	—	1 402	84	5.7	1.02	0.12
荤	牛肉(瘦)	20.1	96	720	7	0.7	0.01	0.10
	腐竹	24.0	—	1 402	84	5.7	1.02	0.12
荤	甲鱼	17.3	77	439	15	2.5	0.62	0.37
	花生仁	26.3	—	2 285	67	1.9	1.07	0.11
荤	鲫鱼	17.3	83	481	25	1.6	微量	0.10
	豆腐干丝	21.6	—	770	284	0.7	0.05	0.03

（续表）

成分\菜名		蛋白质克	胆固醇毫克	热量千焦耳	钙毫克	铁毫克	维生素B₁毫克	维生素B₂毫克
荤	乌鱼	19.8	待查	385	57	0.5	—	—
	青豆	37.3	—	1 806	250	105.0	0.51	
荤	黄鳝	18.8	117	347	38	1.6	0.02	0.95
	扁豆	20.4	—	1 396	57	6.0	0.59	—
荤	猪肉(肥瘦)	9.5	128	2 428	6	1.4	0.53	0.12
	黑木耳	10.6	—	1 281	357	185.0	0.15	0.55
荤	鸡	21.2	117	464	11	1.5	0.03	0.09
	蚕豆(带皮)	28.2	—	1 314	71	7.0	0.39	0.27
荤	鸭	16.5	80	569	—		0.07	0.15
	豆豉(霉豆)	19.5	—	1 004	130	4.2	0.07	0.34
荤	鸡蛋	14.7	680	711	55	2.7	0.16	0.31
	黑豆	49.8	—	1 605	250	105.0	0.51	—

附表三：(豆类蛋白质不但品质优于肉类,而且价钱便宜。)

健脑食品营养成分表

类别		食品名称	钙 mg	磷 mg	铁 mg	B₁ mg	B₂ mg
素菜食品	1	慈姑	7	155	1.1	0.23	0.04
	2	芋仔	41	100	1.2	0.28	0.06
	3	黑豆	260	577	7.0	0.93	0.28
	4	蚕豆	95	370	6.4	0.43	0.21
	5	红豆	83	318	6.1	0.34	0.26
	6	干莲子	114	583	3.6	0.64	0.15
	7	绿豆	86	320	4.9	0.52	0.29

（续表）

类 别		食品名称	钙 mg	磷 mg	铁 mg	B₁ mg	B₂ mg
素菜食品	8	花生	64	392	1.7	1.04	0.16
	9	黄豆	216	506	7.4	0.44	0.31
	10	黑芝麻	1 241	552	13.0	0.64	0.22
	11	豆皮	280	560	6.7	0.76	0.22
	12	花豆	157	344	5.5	0.67	0.23
	13	发菜	699	71	10.5	0.21	0.18
	14	高丽菜干	300	106	15.1	0.15	0.52
	15	荫瓜	78	213	4.7	0.01	0.01
	16	木耳	207	210	9.3	0.12	0.49
	17	金针	340	208	14.0	0.16	0.71
	18	皇帝豆	25	140	2.8	0.30	0.36
	19	香菇	125	190	9.0	0.56	2.11
	20	紫菜	850	703	98.9	0.34	0.38
	21	番薯叶	153	81	3.6	0.14	0.21
肉类食品	1	黄牛肉	8	177	3.6	0.08	0.15
	2	水牛肉	10	190	4.0	0.08	0.16
	3	肥猪肉	1	18	0.2	0.19	0.04
	4	精猪肉	12	123	1.5	0.65	0.12
	5	鸡肉	5	104	0.4	0.07	0.07
	6	鸭肉	12	230	0.8	0.16	0.16
	7	旗鱼	1	179	1.1	0.16	0.09
	8	鳖	4	25	0.5	0.08	0.17
	9	乌贼	7	257	0.4	0.02	0.11

蔬食金字塔

每天6杯水

甜品　每周

蛋白、豆奶

坚果
种子

植物
油脂

每日

全谷物

每餐

水果蔬菜

豆类

每天运动

源自：康奈尔大学的金保教授公布的"金字塔式的素食食谱"。
根据食谱对严格素食者的指导原则，已删除了原图示中鸡蛋和牛奶的内容。

■ 第四节　低碳减肥

8种健康减肥食品

酸奶

选择一杯200毫升的淡味酸奶作为不含碳水化合物的零食吧。奶油口感的酸奶不但可以满足你想吃甜点的心情，更重要的是其含有丰富的钙质。而钙质是帮助我们的身体进行新陈代谢的重要元素。

橙子

假如你迫切地想找到食物充饥，那就拿一个橙子吧。直接剥开来吃，或者用榨汁机榨一杯鲜橙汁。这样你就可以享用一杯含有丰富维生素C的饮料。不仅如此，吃橙子还有另外一个好处，它可以使你的血糖水平处于较低的水平。

水果雪条

选择一条不含糖分的水果口味雪条,既可以满足想吃雪糕的心情,同时还含有丰富的维生素 C。更好的选择是自己用冰柜做一排雪条,这样更有助于处理其含有的糖分。

全麦饼干

全麦饼干不仅是小孩子的最爱,还应该成为你的零食选择。独立包装的全麦咸饼干不但易于携带,还很美味,其含有的碳水化合物相对于其他饼干来说较少,三片饼干中含有的碳水化合物只有 15 克。

牛奶

牛奶中有含量惊人的钙质,此外,良好的口感也使之成为很多人日常饮食中的选择。一天最好喝两杯牛奶,但是记得不要选择全脂牛奶,最好是脂肪含量在 1% 左右的牛奶。它同样含有对人体有益的钙质,但是含有的脂肪含量就大大减少了。

黄油面包

当你想要吃点使自己更满足的食物的时候,你应该考虑一片全麦的面包——加上一片黄油。这样的零食含有丰富的蛋白质,能够使饱腹感更加持久。

爆米花

不用觉得惊奇,只需要记得不加盐,用微波炉制成一道丰盛的爆米花美食盛宴也可以成为你的零食。爆米花含有大量的纤维素,可以使你感觉更饱,这意味着你就不会再想要偷吃别的食物了。

苹果

苹果有很多种,你一定能够找到自己喜欢的那种。在零食时间,吃一个苹果能够使你获得很多纤维素,有效狙击胆固醇发生。另外,苹果作为零食,不但易于携带,而且在任何地方都能够买到,你不会有借口拒绝这个低碳零食。

低碳减肥小贴士

1. 不坐电梯。不坐电梯爬楼梯,省下大家的电,换自己的健康。

想减肥的人很多,但是越减越肥的人也很多。最主要的原因是大家都这么懒,每天都坐着不动,即便是从一楼到二楼还坐电梯,你不想长胖都难了。所以给自己定一个规矩,3—5楼以下的一律不坐电梯。每天爬楼梯10分钟,一年可瘦5千克,而且爬楼梯有助于增加心肺循环、肌肉适能及骨质密度。

2. 骑自行车上班。骑自行车上下班的人一不用担心油价涨,二不用担心体重涨。

骑自行车不但可以减肥,而且还可使身材匀称。由于自行车运动是需要大量氧气的运动,所以还可以强化心脏功能,同时还能防止高血压,有时比药物更有效。如果一星期选择三天,每天早晚各骑自行车一次,能够在一个月内减掉1.5—2.5千克体重。

3. 少吃肉食多吃素食。一百年以前,人们的饮食结构还是以素食为主的。过量肉食至少伤害三方面:动物、你自己和地球。

无论居家做饭还是外出点菜时,多选择木耳、菌类、时令蔬菜,少吃大鱼、大肉、海参、鲍鱼等。不仅能省钱,还能养生和减肥。要知道,一个炸鸡腿的热量是高达400千卡,你跑步40分钟也消耗不完。

4. 拒绝当"宅"女。没事多出去走走,"宅"是很费电的。

对于喜欢"宅"在家里的女人们来说,这一条有点受打击。姐姐我就爱宅了,碍着你了吗?是的,宅居没有碍着别人,但是影响了你的健康和体重。生命在于运动,如果你大多数时间都坐在电脑、电视机前,你的健康状况将会越来越差,视力下降、眼睛干涩、颈椎酸痛、腰椎病、心理障碍等问题都会找上门来,你的体重也会越来越高,特别是腰部肥肉。当然,你还浪费了很多电。

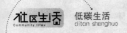
所以建议你要赶紧走出"宅子",走到户外去呼吸新鲜空气,多参加一些社会活动和体育运动。保持与外界的接触和互动,回归社会,快乐地生活。

5. 室外慢跑取代跑步机。用在附近公园里的慢跑取代在跑步机上的 45 分钟锻炼。

对于喜欢运动的你来说,首先要恭喜你,因为你拥有较好的生活态度和习惯。其次建议你除非天气条件或者环境不允许,有条件的话,还是到附近公园或者小区小道上跑吧,既能呼吸新鲜空气,又能省电。实在不行,原地慢跑的效果也是差不多的,没有必要为了标示高品位,就摆一个跑步机放在家里。

6. 在自家养花养草。绿化不仅是去郊区种树,在家种些花草一样可以,还无须开车。

有庭院的话,自己开辟一个小花园,如果没有庭院,也可以创造一个花园阳台,趁整理之便,行减少脂肪之实。每天养成护理花草的习惯,避免了饭后立刻坐着不动,脂肪都长在小肚子里,同时又能美化环境,提升审美情趣,净化空气,何乐而不为呢?

低碳减肥真实故事

故事一:安步当车,我减了 3 千克

"我是有车一族,由于爱车出事故送去维修,自己从'被迫'到'享受'起了这三个月没车开的日子。每天早上先是步行送孩子和老公上公车,然后骑着自行车去买菜。我现在去五千米以内的地方根本不坐车,大大增长了我的脚力,锻炼了身体。低碳生活带给我的不仅是心灵上的满足,还有成功减肥三千克的喜悦。"

故事二:爬楼梯减了 10 千克

"我没有刻意地去锻炼,每天只不过是提前一站下车,走路到公司;然后不坐电梯,爬上23层楼梯。一周五日,每天用5分钟爬23层楼梯到公司,从刚开始时气喘吁吁到现在轻松自如。半年里体重由原来68千克下降到现在的57.5千克,成功减肥10.5千克。"

好吃营养的低碳甜品

距离吃饭还有几个小时,你的胃已经咕咕在叫了,是等着吃饭呢?还是来点零食呢?专家建议,来点小零食吧。零食可以给你的身体瞬间补充能量。只要你有一定的自控力,就算是要减肥,营养丰富的零食也可以被列为很好的健康食品呢。

香蕉草莓果奶

将1/2草莓(新鲜或冷冻)、1小根香蕉、1/2杯低脂酸奶和1/2杯脱脂牛奶放入搅拌机混合,直至出现丰富泡沫。

美国饮食协会发言人Lona Sandon认为,混合果奶就像是一个钾元素的发电站,有助于降低血压,补充钙质。

奶酪和葡萄

吃奶酪的同时,准备两串无籽葡萄,有利于减少脂肪的摄取。

葡萄富含一种叫做白藜芦醇的强抗氧化剂,它有助于防止癌症和心脏病,帮助蛋白质吸收。

专家建议选择脂肪含量在5克以内的奶酪,进而限制饱和脂肪的摄入。

烤甜地瓜

选一个中型的地瓜,用叉子在表面叉些小孔,在微波炉中摆上一层纸巾,将地瓜放高火加热5分钟。取出后将其切开,填上肉桂或南瓜馅料,淋上红糖、蜂蜜。

带馅的甜地瓜富含β-胡萝卜素、维生素A、有易于免疫系统的维生素C,促进肠道健康。

坚果酸奶

脱脂酸奶中加入 1 汤匙的小麦胚芽、1/2 杯解冻浆果、1 汤匙烤杏仁或者烤核桃仁、适量的蜂蜜。

酸奶富含钙质和女性常常流失的多种矿物质。

小麦胚芽富含维生素 E,核桃富含保护心脏的 Ω-3 脂肪酸。

芹菜梗配葵花籽黄油

用葵花籽黄油取代撒在芹菜茎的 2 汤匙花生酱,使其更松脆。

《The Flexitarian Diet》的作者 Dawn Jackson Blatner 认为葵花籽黄油富含维生素 E,一种强抗氧化剂。

芹菜富含可以调节血液中钾含量的维生素 K 和促进骨髓中幼细胞成熟的作用的叶酸,大量的纤维成为也是不容忽视的减肥明显。

土耳其玉米粉圆饼

在全麦玉米粉圆饼中填入一半的瘦火鸡肉、番茄切片和一小块鳄梨。

这种迷你简餐提供了足够的纤维素、蛋白质和有利于心脏健康的不饱和脂肪酸,所含热量提供充足的饱腹感。

香蕉配花生酱

一根香蕉配上一大匙花生酱,既美味又健康。

花生酱提供有利于心脏健康的脂肪和蛋白质,而香蕉富含纤维素、钾和足量的维生素。

水果和坚果

用营养更均衡、口味爽脆的苹果、开心果来代替奶酪和饼干。

在就餐时间先吃一个苹果,可以让饥饿的人少摄取 15% 的能量。

开心果是非常好的零食选择,不仅不会摄入过多的热量,其所富含的不饱和脂肪酸还可以减肥。

家庭自制什锦干果仁麦片

在半杯全麦麦片粥中加入 2 汤匙的干果(葡萄干、苹果、木瓜、杏),2 大汤匙切碎的坚果(杏仁、花生、核桃、腰果)。

这种自制的混合纤维什锦麦片,热量极低却富含大量的维生素、钙和矿物质。

希腊酸奶配浆果

在低脂希腊酸奶中,加入半杯蓝莓、黑莓、覆盆子、切片草莓。

其所富含的蛋白质是普通酸奶的 2.5 倍,低热量的浆果提供健康剂量的维生素 C。

低脂或脱脂酸奶中所含有的一种叫做共轭亚油酸的化合物可以燃烧脂肪。

第五节 低碳饮食总动员

世界各地的低碳美食

美国

不要把蛋白质食物作为主菜,当然大豆等植物蛋白质除外,多吃绿色、黄色、橙色和红色的蔬菜。蔬菜天然低碳,风味十足,营养丰富,保您吃饱却不胖。蔬菜不一定要做得淡而无味,只要不淋黄油、奶酪或奶油沙司就行。

不要把面包当成饭前餐,也不必完全抛弃,只是不要吃得过多。如果吃了一片还想吃,就选颜色最淡、看上去最诱人的那片面包。通常面包越淡,所含热量、脂肪、钠和其他添加剂越少。

亚洲

无论您喜欢日本菜、中国菜还是泰国菜,亚洲餐厅都是低碳健康饮食的好去处。很多菜肴的原材料是海鲜、蔬菜和豆类蛋白(如豆腐),也更有可能吃到用全谷或白面粉替代品做的面条。一些中餐馆甚至提供糙米而

非白米。

如果您最喜欢寿司,不要担心里面少量的白米饭。鱼肉所含蛋白质和有益心脏健康的脂肪可以减缓碳水化合物的吸收,只要不暴食寿司,食用米饭的总量并不多。

印度

一提到印度食物,很多人首先就会想到咖喱美食,实际上作为世界三大美食之一的印度菜远不止咖喱。丰富的香料、复杂的调配是印度料理的独特之处,不但对其至关重要,也增加了印度料理的深度和风味。

印度南部素食尤其丰盛。而荤菜在北方更常见,特别是以健康方式烹制的烤鸡、鱼肉和肉类,经过草药浸泡后,用土炉高温快速烘烤。含碳水化合物的食物还有以下不错的选择:酸奶、小扁豆、豆面粉(如鹰嘴豆磨成的粉)制作的菜肴;蔬菜酱配烤肉、鸡肉、鱼肉;热带和温带水果。

意大利

在意大利餐厅用餐时,面包和意大利面可不是个好选择。精面粉做的食物很快就会分解,然后吸收到血液中。记住,以碳水化合物为主的食物和蛋白质或脂肪一同食用,可以降低血液吸收的速度。

如果没有意大利面,主菜可以以蛋白质为主(建议鸡肉或鱼肉);烤、烧或清蒸蔬菜;一份沙拉和一小份意大利面做配菜。坚持用橄榄油或番茄调味汁,不用富含奶油、黄油或奶酪的调味汁。一方面满足了对意大利面的渴望又不会吃得过多,另一方面又摄入了有益心脏健康的蛋白质和大量抗氧化剂及纤维素。

地中海地区

营养研究学家对希腊、摩洛哥、西班牙、土耳其和法国(特别是法国南部)等地中海国家进行了长期调查研究,发现这些国家引以为豪的菜系有着无可匹敌的营养优越性。它们的饮食富含橄榄油、蔬菜、香草,只用最新鲜的配料,以尽可能简单的方式制作。

那么,这些含有近 40% 脂肪的饮食怎样获得了能让人吃出健康、长寿并能减少心脏病发作的盛誉呢?秘密就在于地中海饮食中的大部分脂肪来自有益心脏健康的优质橄榄油。

地中海菜还包括鱼肉、大米和其他全谷食物、丰盛的面包、橄榄油菜肴、少量奶酪、坚果和红酒、还有水果甜点。

墨西哥

大多数墨西哥餐厅都提供白米饭,米饭和豆类组合是最好的蛋白质来源,而且不会大幅提高血糖含量。大多数餐厅会提供素食焗豆,所以如果有,就选这个以避免胆固醇和饱和脂肪。有益健康的碳水化合物的食物有蔬菜玉米煎饼、鸡肉、牛排、虾或蔬菜玉米面豆卷或春饼。

每家墨西哥餐厅都会提供无底托圆饼脆片篮,最好不要动它。如果您不能控制自己会吃少量脆片,那么最好让服务员拿走。这些菜很多都先要深炸,低碳是不假,但并不有益心脏健康。

中东地区

中东餐厅是选择有益健康的碳水化合物食物的不错的地方,且非常可口。这些餐厅提供很多豆类(豆荚)和全谷食物如蒸谷麦和蒸粗麦粉。

香辣鹰嘴豆沙汤(鹰嘴豆、大蒜、橄榄油和芝麻酱做的汤)、塔博勒沙拉(番茄、欧芹、薄荷、橄榄油和柠檬汁拌蒸谷麦)、冷冻酸奶汤和少量米饭正是您要找的碳水化合物食物。中东食物(包括很多蔬菜和谷类)纤维含量也高,所以这些食物让人感觉很饱。不妨吃个七分饱,感觉会更舒服。

低碳新四类食物

全谷类

小麦、稻米、玉米、燕麦、荞麦等。

优点:富含纤维素、碳水化合物、蛋白质、维生素 B、锌等。

豆类

大豆、豌豆、花生、菜豆、黑豆、红豆等。

优点：富含纤维素、维生素 B、铁、钙、锌等。

蔬菜类

柿子椒、绿花椰菜、胡萝卜、番茄、白菜、南瓜等。

优点：富含纤维素、维生素 C、胡萝卜素、其他各类维生素、铁、锌等。

水果类

柑橘、葡萄、香蕉、西瓜、苹果、草莓等。

优点：富含纤维素、维生素 C、胡萝卜素等。

链接：

神奇食品——魔芋

魔芋被人们誉为"魔力食品"、"神奇食品"、"健康食品"等。不仅味道鲜美，口感宜人，而且有减肥健身、治病抗癌等功效，是老少皆宜的食品。

最应多吃魔芋食品的人有：

1. 体胖减肥的人士：吃魔芋会产生较强的饱腹感，自然减少其他食物摄入的数量，而且魔芋热量极低，不用担心吃多了会长胖，对全身肥胖，特别是腰腹部肥胖的人有明显效果。

2. 便秘和患有痔疮的人士：魔芋中含有大量的不能被人体的淀粉酶消化的可溶性植物纤维，能刺激肠壁，减少有害物质在胃肠、胆囊中的滞留时间，保持肠道清爽，润肠通便。

3. 患有胃、肠癌的人群：魔芋中所含的甘露糖苷对癌细胞代谢有干扰作用，优良膳食纤维能刺激机体产生一种杀灭癌细胞的物质，常吃魔芋能提高机体免疫力，防治癌瘤。

4. 糖尿病患者：魔芋能延缓葡萄糖的吸收，有效地降低血糖，从而减轻胰脏的负担，使糖尿病患者的糖代谢处于良性循环的状态，对糖尿病预防和治疗有极好的辅助效果。

5. 动脉硬化和心脑血管疾病患者：魔芋所含的黏液蛋白能减少体内胆固醇的积累，预防动脉硬化和防治心脑血管疾病。

蔬菜皇后——洋葱

洋葱含有丰富的钙、磷、铁、维生素 B_1、维生素 C、胡萝卜素、烟酸、前列腺素 A、二烯丙基二硫化物及硫氨基酸等成分，其中的硫氨基酸具有降低血脂和血压的功效，前列腺素 A 具有扩张血管、降低血粘度、预防血栓的作用。当你享用高脂肪食物时，最好能搭配些许洋葱，将有助于抵消高脂肪食物引起的血液凝块；洋葱做菜不但味道极佳，且营养丰富。其实洋葱属碱性食物，并含有糖、无机盐、锌、硒（抗癌物质）、磷、硫等。

常吃洋葱对身体有以下益处：

1. 所含前列腺素 A 是种较强的血管扩张剂，可对抗儿茶酚胺等升压物质，促进钠盐排泄，有降血压作用；

2. 所含硫化物能促进脂肪代谢，具有降血脂、抗动脉硬化作用，若每天食用50—70克洋葱，其降血脂作用比服降脂药安妥明还强；

3. 洋葱所含类黄酮能降低血小板的黏滞性，常吃洋葱可预防血栓，减少心梗和脑血栓概率；

4. 洋葱含有与降糖药甲磺丁脲相似的有机物，能明显降低血糖含量；

5. 所含硫化物、微量元素硒等，能抑制胃癌、食道癌、结肠癌、乳腺癌等；

6. 洋葱所含挥发油能助性,老人常吃洋葱可提高性生活质量;

7. 实验证明洋葱可提高实验鼠的骨密度,所以常吃洋葱可预防骨质疏松;

8. 洋葱富含维生素 C、烟酸,它们能促进细胞间质的形成和损伤细胞的修复,使皮肤光洁、红润而富有弹性,具美容作用。其所含硫质、维生素 E 等,能阻止不饱和脂肪酸生成脂褐质色素,可预防老年斑。另外,洋葱含抗菌、抗炎物质,吃洋葱可防治肠炎痢疾。

21 个低碳饮食小贴士

1. 减少粮食浪费。"谁知盘中餐,粒粒皆辛苦"。少浪费 0.5 千克粮食(以水稻为例),将节约 0.18 千克标准煤,相应减排二氧化碳 0.47 千克。如果全国平均每人每年减少浪费 0.5 千克粮食,每年可节能约 24.1 万吨标准煤,减排二氧化碳 61.2 万吨。

2. 减少畜产品浪费。提倡增加膳食中素食比重,不过量食用肉食,并减少畜产品的浪费。每人每年少浪费 0.5 千克猪肉,可节能约 0.28 千克标准煤,相应减排二氧化碳 0.7 千克。

3. 选择节能烹调方式。用电饭锅煮饭时,将米浸泡 10 分钟,可大大缩短米熟时间,节电 10%。每户家庭每年可减排 4.3 千克二氧化碳。选用节能灶具,调整火苗的燃烧范围,取得最佳加热效果,另外,减少油炸菜肴的食用次数,既有益身体健康,又节省了燃气。

4. 饮酒适量。适度饮酒有益健康,而过量饮酒甚至醉酒既伤身又容易酿成事故。在夏季的 3 个月里,平均每人每月少喝 1 瓶啤酒,1 年可节能约 0.23 千克标准煤,相应减排二氧化碳 0.6 千克。1 个人 1 年少喝 0.5 千克白酒,可节能约 0.4 千克标准煤,相应减排二氧化碳 1 千克。

5. 减少吸烟。吸烟有害健康,香烟生产还消耗能源。1 天少抽 1 支烟,每人每年可节能约 0.14 千克标准煤,相应减排二氧化碳 0.37 千克。如果全国 3.5 亿烟民都这么做,那么每年可节能约 5 万吨标准煤,减排二氧化碳 13 万吨。

6. 拎起"菜篮子"。尽管少生产 1 个塑料袋只能节能约 0.04 克标准煤,相应减排二氧化碳 0.1 克,但由于塑料袋日常用量极大,如果全国减少 10% 的塑料袋使用量,那么每年可以节能约 1.2 万吨标准煤,减排二氧化碳 3.1 万吨。

7. 减少一次性筷子使用。我国是人口大国,广泛使用一次性筷子会大量消耗林业资源。如果全国减少 10% 的一次性筷子使用量,那么每年可相当于减少二氧化碳排放约 10.3 万吨。

8. 多购买本地蔬菜和水果。同样的食物,由于产地不同,在生产和运输过程中,所耗能量相差甚远。尤其是蔬菜和水果,为了保证新鲜,常需要借助飞机进行运输,如飞机运输一吨芒果,假设行程 1 万千米,二氧化碳排放量为 3.2 吨。所以我们要尽可能购买本地蔬菜和水果,减少产品在运输过程中产生的二氧化碳排放。

9. 多购买当季蔬菜和水果。种植反季蔬菜和水果就必须要用到温室,而温室又要消耗大量能源,购买当季蔬菜和水果,就能减少因种植反季产品而耗费的能源。不仅如此,反季蔬果在生长过程中多使用催生剂等化学药品,对人体健康也不利。

10. 戒烟。如果一个人每天少抽 1 支烟,每人每年可节能约 0.14 千克标准煤,相当于减排二氧化碳 0.37 千克。全国共有 3.5 亿烟民,照此计算,一年可节能约 5 万吨标准煤,减排二氧化碳 13 万吨。

11. 少吃加工类食品。生产加工类食品需要耗费更多的能源,同时这些食品中含有添加剂,一些添加剂对人体是有害处的,比如腌制类、油炸类食品。此外,加工类食品一般都有塑料包装物,也会对环境造成很大

影响。

12. 少喝工业果汁饮料。在加工果汁饮料的过程中,果实从采摘到工厂处理、灌装、运输、销售消耗了许多能源。此外,很多饮料瓶是不能降解的,还会对环境造成污染,因而要少喝工业果汁饮料,多饮用自榨果汁,或直接吃新鲜水果。

13. 餐厅吃饭"兜着走"。中国人点菜习惯多点出一些来,吃不完才显得主人有面子,要知道,每消耗 1 千克粮食将造成 0.94 千克的碳排放,所以消费不代表浪费,我们应该养成吃多少点多少、不浪费的习惯。在餐厅吃饭要杜绝"面子消费",吃不完就打包带回家。

14. 拒绝使用一次性发泡塑料餐具。一次性发泡塑料餐具是指以发泡聚苯乙烯、聚乙烯或聚丙烯为原料的一次性饭盒、杯、碟、碗等食品容器。这些一次性发泡塑料餐具在生产过程中会消耗大量的资源,带来水质和大气污染,同时还难以降解,对土壤的污染也特别严重。2001 年起,国家已明令要求在全国范围内停止一次性发泡塑料餐具的生产、销售和使用。

15. 多用可反复使用的餐具。一次性纸制餐具、木筷等需要消耗大量的木材。统计资料表明,一棵生长了 30 年的大树约能做成 5 000 双筷子,而我国一次性木筷的消耗量一年却有数百亿双。最近十多年来,中国出口日本的筷子约有 2 243 亿双,每年需要砍伐 200 多万棵树。为了保护森林资源,应使用可反复使用的餐具。

16. 少喝瓶装水,多喝白开水。以可乐举例,装可乐的铝罐是用澳大利亚的铝矿生产的,糖来自法国,制成后还要经过运输、销售、冷藏等环节,期间的碳排放是相当惊人的。据统计,生产一瓶矿泉水的能耗是普通白开水的 1 500 倍,而今中国已成为世界第三大瓶装水消耗国,年消耗量超过 1 000 万吨,排放二氧化碳约 80 万吨。

17. 少喝袋装饮料。袋装饮料以茶和咖啡居多，外包装多为纸质包装。假设一盒袋装茶叶是 25 包，一个人一天喝 3 包，一个月要消费 4 盒。这样一来，一个月就要产生 4 个纸盒、100 个纸袋和 100 个茶包，假设 1 盒袋装茶的总量为 80 克，每生产 1 千克就会产生 3.5 千克碳排放。所以，为了环保节能，尽量少喝袋装饮料，改为自己泡茶喝吧。

18. 少吃零食，拒绝过度包装食品。吃零食不仅对健康没有好处，还会因此产生大量垃圾，尤其是那些过度包装的食品更是如此。资料显示，1 千克包装物将产生 3.5 千克二氧化碳排放，为了低碳减排，少吃零食，拒绝过度包装也是重要一项。

19. 多吃白肉少吃红肉。白肉指在烹饪前呈现出白色的肉，如鸡、鸭等禽类，以及鱼、虾等海鲜类动物的肉。红肉指在烹饪前呈现出红色的肉，如猪、牛、羊等哺乳动物的肉。红肉在饲养、加工过程中的碳排放量非常大，生产 1 千克猪肉需要消耗粮食 5.9 千克，生产 1 千克牛肉需要 13 千克粮食以及 30 千克草料，而生产 1 千克鸡肉只需消耗粮食 2.3 千克。国外一本健康杂志指出，如果饮食中有三成热量是来自红肉或乳制品，则一年所排放的二氧化碳约为 1 485.1 千克，而对应的白肉碳排放量为 1 054.2 千克。

20. 多吃大豆，营养且低碳。很多人不知道，大豆有着令人意想不到的低碳作用。大豆中的蛋白质含量约为 35%—40%，与牛肉相当，但生产相同重量的大豆制品的碳排放量却要比牛肉少得多。上海世博会期间，以大豆豆粕为原料、利用生物工程技术提取的大豆纤维就被运用到世博场馆的建造上，瑞士馆最外部的幕帷就是由大豆纤维制成的，既能发电，又能天然降解，使得大豆成为世博会上的低碳急先锋。

21. 擅用食材边角料。据伦敦市政府发起的环保行动"伦敦回收行动"统计，伦敦每天要扔掉 40 万只苹果和 75 万片面包，整个英国一年

扔掉的食品高达 670 万吨,如果这些食物全都被充分利用,相当于减少 1/5 的汽车二氧化碳排放量。所以,我们要珍惜食物,多利用边角料,在厨房中变废为宝。

《红楼梦》中的素食养生汤

《红楼梦》不仅是一部古典巨著,还堪称一本养生宝典。其中有很多关于滋养强身汤饮的描述,正所谓"一汤在桌,满室皆春",中国人爱喝汤的习惯是出了名的,吃饭时如果缺少鲜美的汤,绝对是一大遗憾。让我们随着曹雪芹的笔墨去探访一下《红楼梦》中的汤饮吧。

桂圆滋养汤

桂圆汤出现在小说的第六回,当时宝玉梦游太虚幻境坠入迷津,众人忙端上来桂圆汤让宝玉喝。桂圆又称龙眼,《神农本草经》说它"久服,强魄聪明,轻身不老"。李时珍在《本草纲目》中记载,"食品以荔枝为贵,而资益则龙眼为良",对桂圆也是倍加推崇。桂圆中含有葡萄糖、维生素等营养物质,有补心安神、养血益脾之功效,可治疗病后体弱或脑力衰退。用桂圆烹煮的汤也历来被人们视为滋补良品,但它性温味甘,那些阴虚内热体质的人就不宜饮用。

酸梅消渴汤

在小说第三十四回中,宝玉挨打后,只嚷干渴,要吃酸梅汤。酸梅汤是我国传统的消暑饮料,在古时的盛夏时节,许多人家都会买来乌梅、桂花、甘草、冰糖等原料自行熬制,继而冰镇后饮用。该汤生津止渴,益气安神,可祛病除疾,保健强身,是夏季不可多得的保健饮品。

建莲红枣汤

《红楼梦》第五十二回里,宝玉要去贾母那里,出门之前,丫环便用小茶盘捧了一碗建莲红枣汤来,宝玉喝了两口。红枣有补气养血的作用,而莲子中含有丰富的微量元素钾,这种元素扮演着促进皮肤新陈代谢、保持皮肤酸碱平衡的重要角色。因此,常吃莲子可以养心健脾,安和五脏,还能去除青春痘,有一定的美容作用。建莲红枣汤喝进肚子以后会让人有一种饱胀的感觉,此汤既可补充营养,又有辅助减肥的功效。

此外,小说中还提到了荷叶汤、疗妒汤等,我们可以根据需要,选择适合自己体质的汤时常饮用,定有裨益。

素食妈妈如何催乳

刚生完宝宝的新妈妈如果遭遇产后少乳,首先想到的是吃猪蹄、喝鲫鱼汤,但是素食主义的妈妈该怎么办呢? 其实不少蔬菜甚至水果也同样有良好的催乳作用,这样既保证了宝宝营养,又符合妈妈的口味,如此一举两得的事情,赶快看看吧!

莲藕

莲藕具有香、脆、清、利、可口等特点,含有大量的淀粉、维生素和矿物质,营养丰富,清淡爽口,是祛淤生新的佳蔬良药,能够健脾益胃,润燥养阴,行血化淤,清热生乳。产妇多吃莲藕,能及早清除腹内积存的淤血,增进食欲,帮助消化,促使乳汁分泌,有助于对新生儿的喂养。

金针菜

金针菜又叫萱草花,是萱草上的花蕾部分,俗称黄花菜。它是一种多年生宿根野生草本植物,根呈块状,喜欢生长在背阳潮湿的地方。营养成分十分丰富,每 100 克干金针菜含蛋白质 14.1 克,这几乎与动物肉相近。此外,还含有大量的维生素 B_1、维生素 B_2 等。它有利湿热、宽胸、利尿、止血、下乳的功效。治产后乳汁不下,用金针菜炖瘦猪肉食用,极有功效。

茭白

茭白作为蔬菜食用,口感甘美,鲜嫩爽口,在江南一带,与鲜鱼、莼菜并列为江南三大名菜。不仅好吃,营养丰富,而且含有碳水化合物、蛋白

质、维生素 B1、维生素 B2、维生素 C 及多种矿物质。茭白性味甘冷,有解热毒、防烦渴、利二便和催乳功效。现在一般多用茭白、猪蹄、通草(或山海螺),同煮食用,有较好的催乳作用。

莴笋

莴笋分叶用和茎用两种,叶用莴笋又名"生菜",茎用莴笋则称"莴笋",两种都具有丰富的营养素。按照营养成分分析,除铁质外,其他均是叶子比茎含量高。因此,食用莴笋时,最好不要将叶子丢弃。莴笋含有多种营养成分,尤其含矿物质钙、磷、铁较多,能帮助骨骼生长、坚固牙齿。莴笋有清热、利尿、活血、通乳的作用,尤其适合产后少尿及无乳的孕妇食用。

豌豆

豌豆又称青小豆,性味甘平,含磷十分丰富,每百克约含磷 400 毫克。豌豆有利小便、生津液、解疮毒、止泻痢、通乳之功效。青豌豆煮熟淡食或用豌豆苗捣烂榨汁服用,皆可通乳。

海带

海带中含碘和铁较多,碘是制造甲状腺素的主要原料,铁是制造血细胞的主要原料,产妇多吃这种蔬菜,能增加乳汁中的含量。新生儿吃了这种乳汁,有利于身体生长发育,防止因此引起的呆小症。铁是制造红细胞的主要原料,有预防贫血的作用。

素食名人堂

刘易斯

美国著名田径运动员卡尔·刘易斯曾获得 9 枚奥运会金牌,是一位严格素食者。他在谈到吃素的体会时说:"实际上,在田径赛中,我最好的参赛成绩是在吃素后的第一年。"

郭沫若

文坛巨匠郭沫若,有 86 岁的高寿,与他长期坚持静坐和讲究科学饮食养生有着密切关系。郭沫若在饮食上,不讲求大滋大补,力求日常饮食的多样化。他主张菜肴要少而精,所谓"精",并非山珍海味,而是指搭配恰当,五味调和,营养平衡。他以素食为主,不吃过于油腻的荤食。

鲍伯·林登

鲍伯·林登是位独特又有魅力的动物权益人士。过去8年中,林登先生花费自己所有的时间与金钱制作了将近400个以素食为主题的节目,甚至到了卖掉自己房子来制作这些节目的地步。除了在他每周一次的广播节目中畅谈纯素饮食的重要性外,林登先生也在商展市集和节庆活动上为动物发声。吃全素与环保可以说是他生命的重心。

约翰·沙里

约翰身高七尺,是绝佳的防守球员,也是盖帽高手。他说:"吃有机天然蔬菜能根除癌症,改变饮食习惯,似乎也能改造命运。我不要让身体有癌细胞,所以我要让我的身体充满氧气,呈碱性。我尽量净化我的身体,一旦我的身体净化了,就能完成许多任务并保持年轻的心境。"

克林顿

2011年,美国前总统克林顿宣布说:"我是一个素食主义者"。这位一贯以健康形象示人的前总统自曝,长达20年的饮食结构改变,让他感觉"前所未有的健康"。由于心脏疾病,克林顿接受了数次手术,从此开始吃素。他的目标是:避免吃任何可能对他的血管造成伤害的食物。

乔布斯

20世纪70年代,19岁的乔布斯远赴印度旅行,从印度回来后,他开始信奉佛教,并开始吃素。乔布斯与夫人同为素食者,且举行了佛化婚礼。尽管乔布斯死于癌症,但营养专家认为,他的素食理念可谓"新素食主义",在慢性病流行当前,仍值得推荐。

chapter 4 >>

第四章
低碳·穿衣篇

■ 第一节　什么是低碳服装

低碳服装泛指可以让我们每个人在消耗全部服装过程中产生的碳排放总量更低的方法,其中包括选用总碳排放量低的服装,选用可循环利用材料制成的服装,及增加服装利用率减小服装消耗总量的方法等。

什么是衣年轮

指的是服装的碳排放指数,用来衡定每件衣服的使用年限、生命周期内的碳排放总量及年均碳排放量。每个衣年轮由半径不等的多个同心圆相套组成,圆的数量代表每件衣服的使用年限;最大圆的总面积代表每件衣服在生命周期内的总碳排放量;圆与圆之间的间距表示每件衣服的年均碳排放量。

低碳着装主张包括哪些内容

包括减少购买服装的频率、选择环保面料、选购环保款式、减少洗涤次数、选择环保洗涤、手洗代替机洗、旧衣翻新、转赠他人、旧物利用、一衣多穿等。

什么是碳标签

碳标签是为了缓解气候变化,减少温室气体排放,推广低碳排放技术,把商品在生产过程中所排放的温室气体排放量在产品标签上用量化的指数标示出来,以标签的形式告知消费者产品的碳信息。也就是说,利用在商品上加注碳足迹标签的方式引导购买者和消费者选择更低碳排放的商品,从而达到减少温室气体的排放、缓解气候变化的目的。

国际贸易中碳标签的实施能否达到既定目标取决于两个基本因素:一是生产者和消费者要具有理性,他们必须有保护气候和环境的倾向,并愿意支付因碳标签的实施导致的加价;二是核定国际贸易品的碳足迹要方法简单,并且要标识统一、试点推广。

低碳面料有哪些

国内常见的环保低碳面料包括有机棉、彩色棉、竹纤维、大豆蛋白纤维、麻纤维、莫代尔(Modal)、有机羊毛、天丝纤维等多种面料。

1. 有机棉   有机棉是在农业生产中,以有机肥、生物防治病虫害、自然耕作管理为主,不许使用化学制品,从种子到农产品都是全天然无污染生产出来的棉花。以各国或 WTO/FAO 颁布的《农产品安全质量标准》为衡量尺度,棉花中农药、重金属、硝酸盐、有害生物(包括微生物、寄生虫卵等)等有毒有害物质含量控制在标准规定限量范围内,并获得认证的商品棉花。目前对于有机棉的鉴别主要是要通过几大国际机构的认证,市场较为混乱,掺假者比较多。

2. 彩色棉   彩色棉是一种棉纤维具有天然色彩的新型棉花。天然彩色棉是采用现代生物工程技术培育出来的一种在棉花吐絮时纤维就具有天然色彩的新型纺织原料,与普通棉花相比具有柔软透气、富有弹性、穿着舒服的特点,因此又被称为更高层次的生态棉。国际上称之为"零污染"。由于彩色棉在种植和纺织过程中要保持纯天然特性,现有的化学合成染料无法对其染色,只有采用纯天然的植物染料进行自然染色。经过天然染色的彩色棉具有更多的色彩,能满足更多的需要。据专家们预测,在 21 世纪初,棕色、绿色将是服装的流行色,它体现着生态、自然、休闲、时尚趋势。彩棉服装除棕、绿色外,现在正在逐步开发蓝、紫、灰红、褐等色彩的服装品种。

3. 竹纤维 竹纤维以竹子为原料,经特殊的高科技工艺处理制取得再生纤维素纤维。由于竹子在生长的过程中,没有受到任何的污染源,完全来自于自然,并且竹纤维是可以降解的,降解后对环境也没有任何污染,又可以完全回归自然,故又被称为环保纤维。用该原料制成的棉纱生产的针织面料和服装,具有明显不同于棉、木型纤维素纤维的独特风格:耐磨性、不起毛球、高吸湿性快干性、高透气性、悬垂性俱佳,手感滑腻丰满、如丝柔软,防霉防蛀抗菌、穿着凉爽舒适有美容护肤之效。染色性能优良,光泽亮丽,且有较好的天然抗菌效果及环保性,顺应现代人追求健康舒适的潮流。

4. 大豆蛋白纤维 以脱去油脂的大豆豆粕做原料,提取植物球蛋白经合成后制成的新型再生植物蛋白纤维,是由我国纺织科技工作者自主开发,并在国际上率先实现了工业化生产的高新技术,也是迄今为止我国获得的唯一完全知识产权的纤维发明。

这种单丝,细度细、比重轻、强伸度高、耐酸耐碱性强、吸湿导湿性好,优于羊绒的手感,光泽能与蚕丝相媲美,棉的保暖性和良好的亲肤性等优良性能,还有明显的抑菌功能,被誉为"新世纪的健康舒适环保纤维"。

5. 麻纤维 从各种麻类植物取得的纤维,包括一年生或多年生草本双子叶植物皮层的韧皮纤维和单子叶植物的叶纤维。苎麻、亚麻、罗布麻等胞壁不木质化,纤维的粗细长短同棉相近,可做纺织原料,织成各种凉爽的细麻布、夏布,也可与棉、毛、丝或化纤混纺;黄麻、槿麻等韧皮纤维胞壁木质化,纤维短,只适宜纺制绳索和包装用麻袋等。

6. 莫代尔 是奥地利兰精公司开发的高湿模量粘胶纤维的纤维素再生纤维,该纤维的原料采用欧洲的榉木,先将其制成木浆,再通过专门的纺丝工艺加工成纤维。该产品原料全部为天然材料，对人体无害，并能够自然分解，对环境无害。

莫代尔纤维的原料是产自欧洲的灌木林，制成木质浆液后经过专门的纺丝工艺制作而成，是一种纤维素纤维，所以与棉一样同属纤维素纤维，是纯正的天然纤维。莫代尔纤维的干强接近于涤纶，湿强要比普通粘胶提高了许多、光泽、柔软性、吸湿性、染色性、染色牢度均优于纯棉产品；用它所做成的面料，展示了一种丝面光泽，具有宜人的柔软触摸感觉和悬垂感以及极好的耐穿性能。

7. 天丝纤维 天丝纤维是一种新型人造纤维素纤维，国际人造纤维局在 1989 年将其命名为 LYOCELL，是最典型的绿色环保纤维。它来自树木内的纤维素，通过采用有机溶剂纺丝工艺，在物理作用下完成，整个制造过程无毒、无污染。故天丝被誉为"二十一世纪的绿色纤维"。

天丝具有柔软悬垂、触感独特、飘逸动感、透气透湿、素雅光泽等特点，给人以满足、安全、充满质感、高贵大方的感觉。纳米天丝采用高支纯棉面料填充，舒适透气，防螨抗静电同时又具有耐用性强、弹性好、不易起皱、便于打理洗涤等优点。

环保到让人不敢相信的低碳服装

Zegna 运动夹克衫上的小太阳能板能把太阳能转换成电能，然后电能可以被储存在夹克衫内侧的电池里。你可以用电池充电手机和 MP3，如果你冷了，电池还能启动一款内置加热装置，为你加温。

低碳生活模范鞋 Timberland 与马来西亚绿色橡胶公司合作，推出环保橡胶鞋底，该鞋底由废旧汽车轮胎制成。鞋底一般体积的橡胶都将来自于废旧轮胎，甚至让白色底的帆船鞋也由环保橡胶制成。

瑞士的 Victorinox 使用一种由后工业材料回收 Pertex Eco 的材料（如我们地铁中的塑料椅子所制成的马甲）。这些材料使得服装更加持久、多变与好看。

麻的纤维构造是最具韧性,同时还透气凉爽,还有自己独特的褶皱,一切独特原始的元素都提升了服装的低碳指数。

世界上生长速度最快又不需要农药与杀虫剂的植物就是竹子,如今的竹纤维衬衫可以给予你一种棉丝织物的感受。这就是为什么男装巨头 Brioni 也选择它来缝制西服的原因。

有机棉如今也是服装制造商吸引顾客购买的一张王牌,有机棉特指那些低于杀虫剂量平均值的棉花。如今 John Patrick 所使用的有机棉花全部采用自然染料,降低碳排放。

本季男士西服三件套又重新回到时尚的 T 台之上,很多沉睡在衣橱里的服装现在都可以派上用途,哪怕是你父亲过去穿过的也可以当复古款与自己的服装相搭配。买衣服最好买自己常穿的款式,不要因为折扣而买一堆自己不能穿的衣服,这样可以在减少无谓的花费的同时,还降低了碳排量。

世界各地环保服装秀

英国伦敦:时装周环保作品秀

环保和奢侈品开始对话,不少品牌都开始在尝试绿色概念,环保服饰相继上市。竹纤维系列作为一种新型纤维,以其手感柔软,透气性好,快干,无异味等特点,成为各大品牌的新宠;另外,麻布和谷类纤维原料也是表现良好的环保面料。一些著名的鞋类品牌也开始使用天然橡胶作为制作新款鞋底的原料,鞋身则采用农耕生产的有机棉花制作。

韩国仁川:韩服环保时装展

倡导旧衣改良的仁川环保时装展上展出的都是设计师们利用"旧衣服"改良、制作而成的"新设计",例如设计别致的挎包其实是用一件旧西服做成的;色彩张扬的上装是设计师用旧衣服经过重新设计剪裁和重新印染做成的;而牛仔裤加旧衬衫,经过设计师的巧手则变成了人们眼中个性十足的时尚装备;就连华丽的晚装,也是由一些旧婚纱改装而成的。设计师们希望以此激发人们的灵感,充分挖掘旧衣服的利用潜力。

丹麦哥本哈根:设计师发起的低碳服饰运动

2009 年 12 月 9 日,借气候峰会的势头,在哥本哈根,20 位北欧设计师联合发布"环保时装秀",选用的服装材质都是可降解的天然素材。哥本哈根市的市长 Ritt Bjerregaard、丹麦王妃 Mary、丹麦时装研究院常务董事 Eva Kruse 等来到现场,支持低碳行动。

■ 第二节　低碳时尚穿衣经

时尚达人的低碳穿衣经

丽丽是个典型的北京女孩,外企白领,清闲无忧,也是一个环保主义者和"低碳先锋"。

丽丽的背包里面会常备环保购物袋(请妈妈用旧桌布改造的)、筷子和小水杯。不过,她最有心得的还是自己总结出的"低碳穿衣经"。

第一,多穿棉麻,少穿化纤。"棉、麻等天然织物不像化纤那样是由石油等原料人工合成的,因此消耗的能源和产生的污染物都相对较少。麻质的布料比棉布的碳排放还要少 50%,另外新型竹纤维布料在生产过程中也会更加节省水和农药。"

第二,改造旧衣,少买新衣。在朋友同事眼中,丽丽穿衣打扮"很有范儿"。"不过,我已经很久没有买新衣服了。一些旧衣服,只要稍加修饰或者改动就会很有范儿。"

第三,经典款才是王道。虽然也算时尚一族,但是丽丽对流行并不感冒。"要买我也会买一些简单、经典的款式,不会过时也容易搭配。"

第四,解下领带,应季穿衣——这是丽丽给男士们的建议。"外企、政

府机关中,男士经常是西装革履,所以夏天要把冷气开得很大。男士们应该解下领带,便装上班,这样可以降低很多碳排放,只要解释一下,客户一定会理解的。"

在丽丽看来,低碳生活不是降低生活品质,也不是要过苦行僧的日子,而是采用更健康、更环保的生活方式,也可以很时尚,只是需要一些智慧。

低碳穿衣总动员

爱惜衣物之道穿衣以大方、简洁、庄重为美,加少量的时尚即可。相比那些时尚的服饰,传统衣着的保鲜度和耐用性更好。外出时穿的正式服装和家居服分开,回家就换上宽松舒适的家居服,可以延长正装的寿命。吃饭、走路时注意照管衣服,避免溅上油污和泥渍。做饭、打扫时穿上围裙或劳动服,保护衣服不被损污。洗头、洗脸时,用毛巾遮护衣领,卷起袖子,避免衣服被水打湿。脱下来的衣服要折叠好,放在衣柜里或者挂进衣橱,不要在外面乱堆乱放,以免落上尘埃杂秽。晚上休息时换上睡衣,既整洁又不损坏衣服。脏衣服洗干净以后,如果有破绽的地方,可以用颜色相近的布块补缀,不要怕丢面子。服装庄重整洁,举止礼貌得体,才真正有威仪、有面子。

1. 减少购衣频率

如今的气候比过去 400 年的任何一个时期都要热,这其中一个原因就是你家的衣柜。有研究指出,气候变暖和人们大量换置新装正在形成恶性循环。因为人们买了太多衣服,造成了原材料浪费,在一定程度上导致了全球变暖。

服装在生产、加工和运输过程中,要消耗大量的能源,同时产生废气、废水等污染物。在保证生活需要的前提下,每人每年少买一件不必要的衣服可节能约 2.5 千克标准煤,相应减排二氧化碳 6.4 千克。假如一个月买一件新衣服,一年的碳排放量为 76.8 千克。按照这一标准,13 亿中国人一年的碳排放量就达 9.4 万吨。

所以,控制买衣服的欲望,改变穿衣服的方式,是我们摘掉"不环保"帽子最简单的办法了。

2. 多穿天然织物

一条约 400 克重的涤纶裤,假设它在我国台湾生产原料,在印度尼西亚制作成衣,最后运到英国销售。预定其使用寿命为两年,共用 50 度的温水的洗衣机洗涤过 92 次;洗后用烘干机烘干,再平均花两分钟熨烫。这样算来,它"一生"所消耗的能量大约是 200 千瓦时,相当于排放 47 千克二氧化碳,是其自身重量的 117 倍。

相比之下,棉、麻等天然织物不像化纤那样由石油等原料人工合成,因此消耗的能源和产生的污染物相对较少。一件 250 克重的纯棉 T 恤在其"一生"中大约排放 7 千克二氧化碳,只有其自身重量的 28 倍。

在面料的选择上,亚麻纤维制成的布料比棉布更环保。亚麻布料对生态的影响比棉布少 50%。用竹纤维和亚麻做的布料也比棉布在生产过程中更节省水和农药。

所以,尽量多穿天然织物的衣服也是降低碳排放量的有效方法。

3. 多穿浅色无印花的衣服

染色、印花、防皱、防水等工艺在服装生产制作过程中需要消耗更多的能量,产生更多的废水、废气,因而我们在选购衣服时,要尽量购买那些浅色、无印花的,生产过程中工艺更简单的衣物。

4. 解下领带

2005 年夏天,日本商界白领纷纷脱下他们标志性的深蓝职业装,换上领子敞开的浅色衣服。这是日本政府为节约能源所做的努力。那年夏天,政府办公室的温度一直保持在 28 ℃。整个夏天,日本因此减少排放二氧化碳 7.9 万吨。

5. 买衣服时尽量选择百搭款式

许多女孩子上街看见漂亮衣服就想买回家,殊不知这些衣服与自己原有的衣服很难搭配,一年也穿不上几次,大多数时候都躺在衣橱里。不但浪费钱,也大大增加了衣橱里的碳排放量。

所以,买新衣时尽量选择容易与原有衣服搭配的"百搭"款式,既增加每件衣服的"曝光率",又做到了低碳减排。

6. 爱护动物,拒穿皮草

皮草曾经是富贵、身份的象征,然而每一件皮草类服装制作的背后,却是大量废水、废气的产生。不仅如此,由于生产皮草对野生动物的伤害,已经对生物物种和地球生态环境造成了巨大影响。

现在,越来越多的人和组织加入到保护野生动物、拒穿皮草的行列中。我们在生活中也应该这样做,同时还要劝说身边的朋友如此行事,共同为节能减排,保护我们的生态环境做出努力。

7. 让衣服自然晾干

研究表明,一件衣服 60% 的"能量"是在清洗和晾干过程中释放的。比如,烘干机每烘干 1 千克衣服需耗电 0.1 度,排放二氧化碳 0.08 千克。因此,尽量采用自然晾晒的方式,不仅低碳,阳光中的紫外线还能灭菌。

如果我们做到:洗衣时用温水,而不要用热水;衣服洗净后,挂在晾衣绳上自然晾干,不要放进烘干机里,总共就可减少 90% 的二氧化碳排放量。

8. 整理衣橱

环保专家廖晓义曾经说过:世界上本来没有垃圾,它们只是被放错了地方。

其实,这句话放在很多人的衣服上,也一样适用。把你那些压在箱底的衣服找出来,送人或者转卖。当然,更好的选择是尝试着混搭。这种既环保又省钱的法子也会让你的心态更加时尚起来。

a. 将衣橱中适合本季穿的衣服统统取出来;

b. 分门别类——将衬衫、裤子、裙子、外套、饰品等,分开放置;

c. 把那些一年来从未穿过的衣服挑出来转卖或者送人;

d. 现在剩下的就是那些款式好、穿着得体、颜色与肤色很相衬的衣服,也许它们总共没有几件,但它们却奠定了你私人衣橱的基调。在这个基础上,你可以将衣橱建成多功能的,其中每一件都可以和另一件搭配;

e. 将衬衫、裙子、套装分类挂在开放衣橱里,并注意每次穿完后都要放回原处,这样当你急急忙忙要找衣服时,就不会浪费时间了;

f. 所有的服饰、围巾、鞋也要放在固定的地方,否则寻找穿戴它们也会浪费时间。

9. 每月手洗一次衣服

随着人们物质生活水平的提高,洗衣机已经走进千家万户。虽然洗衣机给生活带来很大的帮助,但只有两三件衣物就用机洗,会造成水和电的浪费。如果每月用手洗代替一次机洗,每台洗衣机每年可节能约 1.4 千克标准煤,相应减排二氧化碳 3.6 千克。

10. 每年少用 1 千克洗衣粉

洗衣粉是生活必需品,但在使用中经常出现浪费;合理使用,就可以节能减排。比如,少用 1 千克洗衣粉,可节能约 0.28 千克标准煤,相应减排二氧化碳 0.72 千克。

11. 选用节能洗衣机

节能洗衣机比普通洗衣机节电 50%、节水 60%,每台节能洗衣机每年可节能约 3.7 千克标准煤,相应减排二氧化碳 9.4 千克。如果全国每年有 10% 的普通洗衣机更新为节能洗衣机,那么每年可节能约 7 万吨标准煤,减排二氧化碳 17.8 万吨。

12. 衣服垂直放置,尽量不熨烫

电熨斗每使用 1 小时约耗电 0.5 度,排放二氧化碳 0.39 千克。所以，衣服最好垂直放置，用衣架挂起来，这样能避免衣服变形，从而减少熨烫的次数。

链接：生态轮回面料

"生态轮回面料"是一种新型环保面料的名称。它可以像普通织物一样被裁剪成时尚服装，然而它的前生，却又可能是旧衣服、废报纸，甚至可乐瓶。当这种衣服脏了旧了时，穿着者可以把它送回指定回收地点，再次粉碎，制成衣物，如此无限循环往复，一件衣服在轮回中实现永生。

这种面料由日本科学家在 2002 年研制而成，将回收的聚酯类衣物（制服制品）经过粉碎、化学反应、聚合等步骤制成再生的涤纶纤维面料，美国老牌户外用品巴塔哥尼亚就使用这种材料。李宁首次把这个概念带入了中国。

李宁将这些旧服装回收来送进工厂，经过化学分解后，这些服装将变成新的面料。这类衣服会在标签上标出"衣年轮"标记，标记越多，代表它再生的次数越多。据介绍，这一过程将使生态圈系统的能源消耗和二氧化碳排放量各降低大约 80%。

小贴士：衣物收纳妙招

衣橱中的睡衣、T 恤、家居服等可以折叠起来收纳，但需注意上下叠起的衣服最好不要太多，一摞以不超过 6 件为宜，否则不仅会压坏下层的衣服，还会造成取用时的麻烦。

收纳小件衣物要善用收纳工具，悬挂式分格布质收纳袋可收纳不少轻薄的衣物，衣橱专用的带塑胶骨架的多层收纳盒是收纳袜子、内衣裤等小物件理想的道具。另外，安装在衣橱门板内侧的挂钩、吊杆和支架可用来悬挂皮带、领带、背包等配件。

chapter 5 >>

第五章
低碳·居家篇

■ 第一节　回收篇

我们每个人每天都会扔出许多垃圾,你知道这些垃圾到哪里去了吗? 它们通常是先被送到堆放场,然后再送去填埋。垃圾填埋的费用是非常高昂的,处理一吨垃圾的费用约为 450 元至 600 元人民币。人们大量地消耗资源,大量地消费,又大量地生产着垃圾。

难道,我们对待垃圾就束手无策了吗? 其实,办法是有的,这就是垃圾分类。垃圾分类就是在源头将垃圾分类投放,并通过分类的清运和回收使之重新变成资源。

从国内外各城市对生活垃圾分类的方法来看,大致都是根据垃圾的成分构成、产生量,结合本地垃圾的资源利用和处理方式来进行分类。如德国一般分为纸、玻璃、金属、塑料等;澳大利亚一般分为可堆肥垃圾、可回收垃圾、不可回收垃圾;日本一般分为可燃垃圾、不可燃垃圾等等。

如今中国生活垃圾一般可分为四大类:可回收垃圾、厨余垃圾、有害垃圾和其他垃圾。目前常用的垃圾处理方法主要有:综合利用、卫生填埋、焚烧发电、堆肥、资源返还。

垃圾怎样分类

可回收物
废纸、废金属、废塑料、玻璃、布料等

厨余垃圾
剩菜、剩饭、骨头、菜根、茶叶等

不可回收物
包括上述两种以外的，其他废弃物

可回收垃圾

主要包括废纸、塑料、玻璃、金属和布料五大类。

废纸：主要包括报纸、期刊、图书、各种包装纸、办公用纸、广告纸、纸盒等等，但是要注意纸巾和厕所纸由于水溶性太强不可回收。

塑料：主要包括各种塑料袋、塑料包装物、一次性塑料餐盒和餐具、牙刷、杯子、矿泉水瓶、牙膏皮等。

玻璃：主要包括各种玻璃瓶、碎玻璃片、镜子、灯泡、暖瓶等。

金属物：主要包括易拉罐、罐头盒等。

布料：主要包括废弃衣服、桌布、洗脸巾、书包、鞋等。

通过综合处理回收利用，可以减少污染，节省资源。如每回收1吨废纸可造好纸850千克，节省木材300千克，比等量生产减少污染74％；每回收1吨塑料饮料瓶可获得0.7吨二级原料；每回收1吨废钢铁可炼好钢0.9吨，比用矿石冶炼节约成本47％，减少空气污染75％，减少97％的水污染和固体废物。

厨余垃圾

包括剩菜剩饭、骨头、菜根菜叶、果皮等食品类废物,经生物技术就地处理堆肥,每吨可生产 0.3 吨有机肥料。

有害垃圾

包括废电池、废日光灯管、废水银温度计、过期药品等,这些垃圾需要特殊安全处理。

其他垃圾

包括除上述几类垃圾之外的砖瓦陶瓷、渣土、卫生间废纸、纸巾等难以回收的废弃物,采取卫生填埋可有效减少对地下水、地表水、土壤及空气的污染。

垃圾分类有什么好处

1. 将易腐有机成分为主的厨房垃圾单独分类,为垃圾堆肥提供优质原料,生产出优质有机肥,有利于改善土壤肥力,减少化肥施用量。

2. 将高含水率的厨房垃圾分离,提高了其他垃圾的焚烧热值,降低了垃圾焚烧二次污染控制难度。

3. 将有害垃圾分类出来,减少了垃圾中的重金属、有机污染物、致病菌的含量,有利于垃圾的无害化处理,减少了垃圾处理的水、土壤、大气污染风险。

4. 将不同类别的垃圾进行分流,使最终进入卫生填埋的量大大减少,延长了填埋场的使用寿命。

5. 提高了废品回收利用比例,减少了原材料的需求,减少二氧化碳的排放。

6. 普及环保与垃圾的知识,提升全社会对环卫行业的认知,减少环卫工人的工作难度,形成尊重、关心环卫工人的氛围。

家庭垃圾也可以变废为宝

垃圾也是一种资源

一个人每天约产生垃圾 0.8 千克，一年就是将近 300 千克。如果不加处理随手丢弃不仅影响市容，更会给生态环境带来损害。

其实，垃圾也是一种资源，只是放错了位置，只要合理再利用，它同样可以变成财富。我国有丰富的垃圾资源，其中存在极大的潜在效益。现在，全国城市每年因垃圾造成的损失约 300 亿元（运输费、处理费等），而将其综合利用却能创造 2 500 亿元的效益。

垃圾再利用可以变废为宝

垃圾回收利用与生料加工相比所节省的能源是相当可观的。

从回收产品中制造铝所使用的能量，比从矾土矿中制造铝所耗费的能量少 96%；

从碎钢片中生产钢所需要的能量，比从铁矿石制造钢耗费的能量少 75%；

生产再生纸比用粗纤维造纸少用 30% 的能量，每回收 1 500 吨废纸，可免于砍伐用于生产 1 200 吨纸的林木；

生产再生玻璃比制造玻璃少耗 30% 的能量；

1 吨废纸可造纸 0.8 吨，相当于节约木材 4 万立方米或少砍伐 30 年树龄的树木 20 棵；

1 吨废弃钢铁可炼钢 0.9 吨，相当于节约矿石 3 吨；

1 吨废塑料再利用可制造 0.7 吨无铅汽油或 600 千克的柴油；

1 吨废玻璃回收后可生产一个篮球场那么大的平板玻璃或 500 克的瓶子 2 万只；

用 1 吨废弃食物加工饲料，可节约 0.36 吨粮食；

1 吨易拉罐熔化后能结成一吨很好的铝块，可少采 20 吨铝矿。

……

中国每年使用塑料快餐盒达 40 亿个,方便面碗 5 亿到 7 亿个,废塑料占生活垃圾的 4%—7%。如果全国城市垃圾中的废纸和玻璃有 20% 加以回收利用,那么每年可节能约 270 万吨标准煤,相应减排二氧化碳 690 万吨。

选择"3R"生活方式减少垃圾产生量

对于一个普通人或者一个家庭,我们该怎么做才能有效控制垃圾的数量？最好的办法是选择"3R"生活方式:减少(Reduce)、再使用(Reuse)和回收利用(Recycle)。

减少:使用布袋购物、使用玻璃茶杯招待客人而非一次性纸杯、使用可更换刷头的牙刷、减少不必要生活消费、购买超市的净菜减少厨余垃圾等。

再使用:用空的塑料饮料瓶加工一下当作笔筒、把用过的漂亮包装盒做储物盒、或者用不穿的衣物自制一些家居工艺品等。

回收利用:指从废物中回收原料再制造新产品。比如自觉将纸类、玻璃、金属和塑料垃圾分类包装,再扔到垃圾桶中。

垃圾处理:国外变废为宝的智慧

现在,国外很多国家这方面都做得相当好。下面我们列举几个典范:

日本

在垃圾分类方面,日本走在了世界最前列。20 世纪 60 年代的严重环境污染"逼"出了一流的环保技术,70 年代的深刻石油危机又促成了最好的节能技术。就在认真克服一个个危机的过程中,日本把其他先进国家一一超过。

窥其一斑,日本的垃圾分类有以下几大特点。

一是分类精细,回收及时。最大分类有可燃物、不可燃物、资源类、粗大类,有害类,这几类再细分为若干子项目,每个子项目又可分为孙项目,

以此类推。前几年横滨市把垃圾类别细分为十类,并给每个市民发了长达 27 页的手册,其条款有 518 项之多。在德岛县上的胜町,已经把垃圾细分到 44 类,并计划到 2020 年实现"零垃圾"的目标。

在垃圾回收方面,有的社区摆放着一排分类垃圾箱,有的没有垃圾箱,而是规定在每周特定时间把特定垃圾袋放在特定地点,由专人及时拉走。很多社区规定早 8 点之前扔垃圾,有的则放宽到中午,但都是当天就拉走,不致污染环境或引来害虫和乌鸦。

二是管理到位,措施得当。外国人到日本后,要到居住地政府进行登记,这时往往就会领到当地有关扔垃圾的规定。当你入住出租房时,房东在交付钥匙的同时一并告诉你扔垃圾的规定。有的行政区年底会给居民送上来年的日历,上面一些日期上标有黄、绿、蓝等颜色,下方说明每一颜色代表哪天可以扔何种垃圾。在一些公共场所,也往往会看到一排垃圾箱,分别写着:纸杯、可燃物、塑料类,每个垃圾箱上还写有日文、英文、中文和韩文。

三是人人自觉,认真细致。养成良好习惯,非一日之功。日本的儿童打小就从家长和学校那里受到正确处理垃圾的教育。如果不按规定扔垃圾,就可能受到政府人员的说服和周围舆论的压力。

四是废物利用,节能环保。分类垃圾被专人回收后,报纸被送到造纸厂,用以生产再生纸,很多日本人以名片上印有"使用再生纸"为荣。日本商品的包装盒上就已注明了其属于哪类垃圾,牛奶盒上甚至还有这样的提示:要洗净、拆开、晾干、折叠以后再扔。

美国

以华盛顿为例,过去回收垃圾每处理 1 吨需要花 40 美元,分类处理以后,这些回收的垃圾在 1995 年就创造了 5 100 个就业机会。

被称为垃圾生产大国的美国,垃圾分类逐渐深入公民生活,走在大街上,各式各样色彩缤纷的分类垃圾桶随处可见。政府为垃圾分类提供了各种便利条件,除了在街道两旁设立分类垃圾桶以外,每个社区都定期派专人负责清运各户分类出的垃圾。

居民对政府的垃圾分类工作也表示了极大的支持。这不仅表现在他们每个人对垃圾分类的知识耳熟能详;而且,在这里为垃圾分类处理出钱,就像为能饮用到洁净的自来水付费一样天经地义。

巴西

在巴西,许多社区都实行垃圾分类,市长甚至把市政大厅正门口的分类垃圾箱作为该市的荣耀。而附近的二十多个海滩,分类垃圾箱更像是一道美丽的风景线。

西班牙

走进上海世博会马德里案例馆的三层,人们会看到一个巨大的流程图,清晰地展示了马德里复杂而先进的垃圾分类收集、运输、处理和再生能源开发、利用等综合基础设施及服务。

马德里市区面积 606 平方公里,人口约 327 万。2009 年,马德里市家庭共产生垃圾近 111 万吨,企业产生的垃圾近 30 万吨。市政府在瓦尔德明戈麦斯科技园建有一座功能强大的垃圾综合处理厂,下设有机垃圾堆肥厂、生物沼气生产厂、塑料处理厂、废渣倾倒厂等 8 种垃圾处理场所。

处理厂先将收集来的垃圾分为不可再利用和可再利用两种。不可再利用的垃圾将废渣分离出来后,剩余垃圾将进入垃圾倾倒厂用于产生沼气,废渣可用于产生电能。

可再利用的垃圾就用处更大了:经过分离和分类,产生可回收材料和有机物质,有机物质经发酵催熟后可成为肥料供给农民,也可产生沼气和用于发电。塑料、金属、玻璃和纸张等可回收材料则供给生产商循环使用。

可别小看这些垃圾,通过科学有效的垃圾分类和处理,马德里市每年

能够回收 12 万吨的纸张或纸板、5.3 万多吨各类塑料和金属以及 3.8 万吨玻璃,并能从垃圾中提取 7 万吨的有机肥料。垃圾,在马德里人手里,真成了宝贝。

德国

在城市垃圾处理方面,德国一向走在世界前列。除了其著名的垃圾分类系统外,德国在垃圾处理机构的运营方式上也有着先进经验。

以首都柏林为例,柏林市政府下属的城市清洁公司负责解决整个城市的垃圾问题。该公司共有 15 个垃圾回收站,再加上 1 个垃圾转运分发中心、1 个垃圾处理中心和 4 个分类处理厂,就构成了柏林的垃圾处理体系。柏林是德国第一大城市,拥有 340 万人口。城市清洁公司每年处理柏林家庭和企业产生的近 100 万吨垃圾,清扫总面积达 136 平方千米的街道。该公司任务虽重,却能在德国同类企业中做到效益最好、成本最低。

这得益于柏林城市清洁公司 2001 年启动的“效率提升计划”。该计划以 3 年为一期,截至 2009 年第三期结束时,通过运营体制改革、优化人员配置、加强成本核算等措施,共节省开支 1.6 亿欧元,裁减了近 2 500 名员工。预计到 2012 年第四期结束时,其运营成本还将大幅减少。

该公司新闻发言人克勒克纳说:“在大城市,垃圾处理是一个令人棘手的大问题。探索新的垃圾处理方法意义重大。”他还专门提到了以“城市,让生活更美好”为主题的上海世博会,并指出:“这句口号同样适用于我们的这个垃圾管理机构。我们运作得更有效率,城市居民的生活自然就会更加美好。”

澳大利亚

一般人家的院子里,都会有三个深绿色大塑料垃圾桶,盖子的颜色分别为红、黄、绿。绿盖子的桶里,放清理花园时剪下来的草、树叶、花等;黄盖子的桶里,则放可回收资源,包括塑料瓶、玻璃瓶等。

英国

一般来说,每家都有三个垃圾箱:一个黑色,装普通生活垃圾;一个绿色,装花园及厨房垃圾;一个黑色小箱子,装玻璃瓶、易拉罐等可回收物,区政府会安排三辆不同的垃圾车每周一次将其运走。普通生活垃圾主要是填埋,花园及厨房垃圾用作堆肥;垃圾回收中心则回收 42 种垃圾,如眼镜、家具等。

他山之石,可以攻玉。上述国家的事例带给我们很多启示。仅就垃圾分类而言,我国大部分地区的硬件还远不能与日本等国相比,但更大的差距恐怕还是在软件上,即在于政府和百姓对垃圾分类的认识上,在于政府关于垃圾分类的制度建设上,更在于每个市民对垃圾分类的认真细致精神和环保节能意识上。由此引申开来,只有大家都摒弃嫌麻烦的想法、"差不多"的思维习惯,才有可能做到垃圾分类,从源头上将垃圾变成巨大的资源。

第二节　节水篇

节水妙招抢先看

厨房用水

1. 清洗炊具、餐具时,如果油污过重,可以先用纸擦去油污,然后进行冲洗。

2. 用洗米水、煮面汤、过夜茶清洗碗筷,可以去油,节省用水量和洗洁精的污染。

3. 洗污垢或油垢多的地方,可以先用用过的茶叶包(冲过并烤干)沾点熟油涂抹脏处,然后再用带洗涤剂的抹布擦拭,轻松去污。

4. 清洗蔬菜时,不要在水龙头下直接进行清洗,尽量放入到盛水容器中,并调整清洗顺序,如:可以先对有皮的蔬菜进行去皮、去泥,然后再进行清洗;先清洗叶类、果类蔬菜,然后清洗根茎类蔬菜。

5. 不用水来帮助解冻食品。

6. 用煮蛋器取代用一大锅水来煮蛋。

7. 洗土豆、萝卜等应先削皮后清洗。

8. 餐具尽量放到盆里洗,而不是直接用水笼头冲洗。

9. 用淡盐水浸泡菜叶,可将里面的小虫泡出,这样清洗菜叶更方便,且省水。

个人清洁用水

1. 洗手、洗脸、刷牙时不要将龙头始终打开,应该间断性放水。如:洗手、洗脸时应在打肥皂时关闭龙头,刷牙时,应在杯子接满水后,关闭龙头。

2. 刷牙、取洗手液、抹肥皂时要及时关掉水龙头。

3. 不要用抽水马桶冲掉烟头和碎细废物。

4. 正在用水时,如需开门、接电话应及时关水。

5. 减少盆浴次数,每次盆浴时,控制放水量,约三分之一浴盆的水即可。

6. 收集为预热所放出的清水,用于清洗衣物。

7. 不要将喷头的水自始至终开着,尽可能先从头到脚淋湿一下后关闭喷头,全身涂肥皂搓洗,最后一起冲洗干净;

8. 沐浴时,站立在一个收集容器中,收集使用过的水,用于冲洗马桶或擦地。

9. 使用能够分挡调节出水量大小的节水龙头。

10. 也可自制节水水龙头,取矿泉水瓶盖子一只,用剪刀剪出直径约18.5毫米的圆形,这个大小刚好能够嵌进水龙头阀门。在圆形的中心,可以根据自己用水的喜好,分别打出直径1毫米的圆孔2个、4个、6个、8个。一般来说,6个孔比较合适,有效节水约30%。

11. 若家中水压较高,应在出水口前加装限流阀片,减少出水量。

12. 推荐选择配有调节热水控制器的花洒,能调节热水进入混水槽的流入量,从而使热水迅速准确地流出,减少凉水的放出。

13. 保证卫生舒适的前提下,每次有意识缩短 1 分钟洗浴时间,采用这种方法,保守计算三口之家一年可以节约 7.2 立方米水。

洗衣用水

1. 集中清洗衣服,减少洗衣次数。

2. 减少洗衣机使用量,尽量不使用全自动模式,并且手洗小件衣物。

3. 漂洗小件衣物时,将水龙头拧小,用流动水冲洗,并在下面放空盆收集用过的水,而不要接几盆水,多次漂洗。这样既容易漂净,又可减少用水总量,还能将收集的水循环利用。

4. 洗衣机漂洗的水可做下一批衣服洗涤水用,一次可以省下 30—40升清水;最后一次洗涤水可用来拖地、洗拖把或可用来冲马桶。

5. 洗衣时添加洗衣粉应适当,并且选择无磷洗衣粉,减少污染。

6. 用洗衣机洗少量衣服时,水位不要定得太高,衣服在高水里漂来漂去,衣服之间缺少摩擦,反而洗不干净,还浪费水。

卫生间节水

1. 选用可选择冲水量或者水箱容量≤6 升的节水型马桶;应更新容量为 9 升的老式坐便器,或采用节水配件改造。

2. 如果使用非节水型老式马桶,可以在水箱里放一块砖头或一只装满水的大可乐瓶,以减少每一次的冲水量。

3. 马桶不是垃圾桶,不要向马桶内倾倒剩菜和其他杂物,避免因为冲洗这些杂物而造成的浪费。

4. 定期检查水箱设备,及时更换或维修,并且不要将洗洁精等清洁物品放入水箱中,这可能会造成水箱中胶皮、胶垫的老化,导致泄漏,从而

造成浪费。

日常生活节水

1. 外出就餐,尽量少更换碟子,减少餐厅碟子的洗刷量,从而减少用水。

2. 养成随手关闭水龙头的好习惯。

3. 教育儿童节约用水,鼓励他们不玩耗水游戏。

4. 不浪费喝剩的茶水和矿泉水,用来浇花。

5. 灌暖壶前不要随手倒掉里面的剩水,可与其他循环水收集在一起再利用。

6. 选择使用节水型冲洗设备的洗车店。

7. 冬季注意对室外的水管进行防冻裂处理。

8. 收集雨水,加以利用。

9. 外出、开会时,自带水杯或容量小的瓶装水,减少对剩余瓶装水的浪费。

10. 洗脸水用后可以洗脚,然后冲厕所;家中应预备一个收集废水的大桶,它完全可以保证冲厕所需的水量;淘米水、煮过面条的水,用来洗碗筷,去油又节水;养鱼的水浇花,能促进花木生长。

园林节水

1. 植物浇水时间应选择早晚阳光微弱蒸发量少的时候。

2. 庭园绿化应选择耐旱的植物。

3. 洒水系统喷水范围不要超出庭园以外,庭园边缘采用部分圆形洒水器往内喷洒。

4. 配合天气浇水,雨天时关闭自动洒水器及不在强风时浇水。

5. 对花草施予适量足够存活的水即可,花圃使用微灌方式最有效,就是以滴嘴滴罐向个别植物施水,或以低流量喷雾器对整个花圃施水。

6. 修剪草皮应留下 10 毫米至 15 毫米高度的草株,以减少地面水分蒸发和浇水用水。

7. 庭园土壤改良,添加湿润介质或保水聚合物,如蛇木屑、稻谷、木屑、泥炭土等以提高土壤的透水与蓄水能力。

8. 庭园以草类残株、树皮、木屑、砾石等覆盖,以减少土壤水分蒸发、土壤冲蚀。

充分利用淘米水

淘米水是天然的去污剂,可代替肥皂水洗掉油脂,与洗涤剂相比,淘米水质地温和,没有副作用,经过加热后,清洁力更强。

在日常生活中,我们可以用淘米水做这些事——

1. 用来洗手不仅可以去污,还能滋润皮肤。

2. 用来清洗餐具不仅去污力强,而且不含化学物质,安全无副作用。

3. 新砂锅在使用前先用淘米水刷洗几遍,再盛入米汤在火上烧半小时,经过这样的处理,砂锅就不会漏水了。

4. 案板用久了会有一股腥臭味,用淘米水浸泡后再用盐擦洗即可去除。

5. 将菜刀、铁勺等铁制炊具浸入较浓的淘米水中可防止生锈,如果已经生锈,用淘米水浸泡数小时,便容易擦去上面的锈斑。

6. 有腥味的菜放入加盐的淘米水中搓洗,再用清水洗净,可去除腥味。

7. 从市场上买回的肉有时会沾上灰尘,很难清洗,如果用热淘米水洗两遍,就很容易去除这些脏物。

8. 刚油漆好的家具上会有一股刺鼻的油漆味,用软布蘸淘米水反复擦拭,可除掉油漆味。

9. 白色衣服在淘米水中浸泡 10 分钟再用肥皂清洗,能使衣服洁白

如新。

看世界各国如何节水

美国

在美国，人们把节水看成是一种修养，是个人素质的表现。家庭中人们有意识地防止浪费水，公共场所如车站、机场、政府办公大楼等几乎看不到任何用水的地方有漏水现象。公共场所的水龙头多数都是红外线自动控制的。

盛夏缺水时，华盛顿市就出台过临时法律，禁止人们在某一时间段内给自家草坪浇水，一旦发现立即罚款。

美国洛杉矶市市长为了宣传节水，曾动员100人作节水报告188次，并让7万名中学生观看节水电影。

纽约市市长在1981年水源紧张时别开生面地发出一个特别的号召：委派全市儿童担任纽约市的"副市长"，协助市长监督他们的父母和兄弟姐妹节约用水。

美国推出的免冲洗小便器，是一种不用水、无臭味的厕所用器具，其实仅仅是在小便器一端加个特殊的"存水弯"装置，但是因为经济、卫生，节水有效,所以颇受欢迎。

澳大利亚

为加强对水的有效利用,澳大利亚政府对农业用水实行许可制度,对整个盆地的水资源实行总量控制,全流域 120 亿立方米的水,每年使用量不得超过 100 亿立方米。农民只有申请到用水许可证,才能"量水种地"。

居民们更换节水水龙头与淋浴喷头、小容量抽水马桶水箱,安装流量调节器与生活用水处理系统,将洗澡、洗衣等生活用水回收再利用。

澳大利亚新南威尔士州还宣布,将强制实行永久性节水措施。

此外,澳大利亚将遍布全国的 1.6 万千米开放式输水渠道改为封闭式输水管道,每年减少水资源蒸发与渗漏 930 亿升。

韩国

"爱水就是爱国",在韩国以节水为目的的宣传教育活动如火如荼。政府聘请专家、学者讲解有关水的知识和在生产、生活中节约用水的有效办法,组织社会各界人士参加"清理水库活动"。

在开展节水教育的同时,韩国还通过舆论曝光等方式监督破坏环境和污染水源的行为。富贵人家在风景秀丽的湖边修建别墅的消息一经曝光,就会成为众矢之的。一些部门在水源上游掩埋工业垃圾的事一旦被揭露出来,各大报纸和电台、电视台就会在醒目的栏目进行报道。

日本

我们知道,"六一"是国际儿童节,但在日本这个日子还是"节水日"。在日本,许多用品上都有宣传节水的标志。例如,学生使用的铅笔、尺子上印有"节约用水",家庭主妇用的围裙上也带节水标记。小学四年级课本里,有水的知识和节水内容,中学课本里介绍大量的"水和人的生活"资料。国家还专门为儿童拍摄了节水电影。

日本东京有一座很有特色的"水道纪念馆"。这里展示了东京周围环境,包括河道水源地、净水场的大模型,让人一目了然知道水的来之不易。

日本的节水设备非常普及,一半以上的办公楼里都装有内循环水管系统,家庭节水设备的普及率也很高,自来水经过两次甚至三次使用之后才排入下水道。

日本的厕所也很注意节约用水,而且差不多都是使用再生水,大多是工厂废水循环利用。

以色列

地处半沙漠地带的以色列,从1948年开始大力进行节水农业,制定和实施了严格的法规,采用管道输水,通过自动化的滴灌系统,保证供给农作物适时、适量的水和精确的肥料,以色列农民比喻为"用茶勺喂庄稼"。

以色列在水处理的技术和理念上始终处于世界领先水平。以色列目前的污水回收利用率是75%,同时,全球一半的海水淡化市场被以色列的公司占据。拿以色列一家企业的产品为例,看起来只是一个简单的方形塑料盘子,但实际上是特殊材料制成的集水装置,这种盘子在以色列沙漠地区一晚上收集的露水能达3升之多。

埃及

在埃及,80%的水用于农业生产,种植的水稻大部分用于出口。为节水,埃及政府决定开始减少水稻种植,因为如果种植同样面积的玉米只需要不到一半的水量。此外还要缩小甘蔗种植,改为种植甜菜,种植同样面积的甜菜只需1/3的水。

除此之外,埃及最近决定用经过处理的城市污水建设10个人工森林,一改过去在城郊种植蔬菜和粮食的做法。

德国

德国制定了严格的法律,要求对污水进行治理,同时还要求对雨水进行收集利用。新建或改建开发区必须考虑雨水利用系统,适宜建设绿地的建筑屋顶全部建成"绿顶"以蓄积雨水,不宜建设绿地的屋顶或者"绿顶"消化不了的剩余雨水,通过雨漏管道进入地下总蓄水池,与地面人工湖与水景观相连,形成雨水循环系统。

瑞典

瑞典将居民的排水管设计得很细,以控制其用水量。所有的水龙头、淋浴喷头或抽水马桶等卫浴用具都是节水型的。

印度

印度通过居民筹资,政府投资等手段,在各地建立了很多雨水收集装置与输水系统,将收集的雨水用于农作物灌溉。

英国

英国环境署发起了一项名为"水需求管理"的计划,定时免费向公众提供节水信息。"要节水,首先要知道使用了多少水"是英国环境署经常提及的一句节水口号。

据数据显示,家庭消耗了英国水资源的 30%,每个家庭对节水有着至关重要的作用。因此,英国环境署设立了"节水奖",以表彰对节约水资源作出特殊贡献的组织和家庭。

新加坡

居民在定居新加坡后第一个月,如果水费超过同等规模家庭的平均用水量,那么在收到水费账单的同时,也会收到政府提示住户的一封信,信中告知政府将派人来免费安装节水龙头并辅导节水知识。

世界各国的节水手段和举措真可谓五彩缤纷,但不难看出,最为重要和关键的却是"节约"意识。当然,"节约"不是让人们少用水,而是要人们更充分、更有效地利用水资源,更科学地管理水资源,从而使国家和社会踏上一条"节水发展"的道路。

第三节　节电篇

节能型家电省电知多少

以家庭为单位，如果我们每天能做到随手关灯、关电器，把白炽灯换成节能灯，夏季把空调温度调高一摄氏度，每个家庭每年就可以节约用电约250度，全国3.9亿户家庭每年将节电约975亿度，相当于三峡水电站一年的发电量。节约一度电，可节省400克标准煤或4升净水，同时减少272克粉尘、997克二氧化碳和30克二氧化硫的排放。

节能洗衣机

节能洗衣机比普通洗衣机节电50％、节水60％。每台节能洗衣机每年可节能约3.7千克标准煤，相应减排二氧化碳9.4千克。如果全国10％的普通洗衣机更新为节能洗衣机，那么每年可节能约7万吨标准煤，减排二氧化碳17.8万吨。

节能空调

能效标准2级以上的空调标为节能空调。一台节能空调比普通空调每小时少耗电0.24度，按全年使用100小时的保守估计，可节电24度，相应减排二氧化碳23千克。如果全国每年10％的空调更新为节能空调，那么可节约3.6亿度，减排二氧化碳35万吨。

节能冰箱

1台节能冰箱比普通冰箱每年可以省电约100度，相应减少二氧化碳排放100千克。如果按照每年平均新售出1 427万台冰箱都达到节能冰箱标准，那么全国每年可节电14.7亿度，减排二氧化碳141万吨。

节能灯

以高品质节能灯代替白炽灯，不仅减少耗电，还能提高照明效果。以11瓦节能灯代替60瓦白炽灯、每天照明4小时计算，1支节能灯1年可节电约 71.5 度,相应减排二氧化碳 68.6 千克。按照全国每年更换 1 亿支白炽灯的保守估计,可节电 71.5 亿度,减排二氧化碳 686 万吨。

节能电饭锅

对同等重量的食品进行加热,节能电饭锅要比普通电饭锅省电约 20%,每台每年省电约 9 度,相应减排二氧化碳 8.65 千克。如果全国每年有 10% 的城镇家庭更换电饭锅时选择节能电饭锅,那么可节电 0.9 亿度,减排二氧化碳 8.65 万吨。

各类家电节电秘籍

微波炉

1. 加热食品时,给装大米粥和包子的碗外面套上保鲜膜,这样一来,食物的水分不会蒸发,味道好,而且加热的时间就会缩短,省电。

2. 食物应平均排列,勿堆成一堆,以便使食物能均匀生热。小块食物比大块食物熟得快,最好将食物切成 5 厘米以下的小块。食品形状越规则,微波加热越均匀,一般情况下,应将食物切成大小适宜、形状均匀的片或块。

3. 食物若有坚硬的表皮,必须剥去后才能烹调。

4. 微波炉不容易使食物表面着色,可以在烹调前将调味料涂于食物表面,使其呈深褐色。

5. 微波炉加热的食物温度极高,容易蒸发水分,烹调时宜覆盖耐热保鲜膜或耐高温玻璃盖来保持水分。鸡翅尖、鸡胸或鱼头、鱼尾部或蛋糕的角端等部位易于烹调过度,用铝箔纸遮裹可达到烹调均匀的目的。

6. 在加热结束时,把食物搁置一段时间,或对食品添配一些作料(如烹饪家禽肉类后,可浇上乳化的油或调味汁,再撒些辣椒粉、面包屑等),可达到加热不能做到的满意效果。

7. 食物的本身温度越高,烹调时间就越短;夏天加热时间较冬天短。烹饪浓稠致密的食物较多孔疏松的食物加热所需时间长。含水量高的食物,一般容易吸收较多的微波,烹饪时间较含水量低的要短。

8. 用微波炉烹饪食物时,宁可烹饪不足,也不要烹饪过度。微波炉重新烹饪不会影响菜肴的色香味。

9. 用微波炉烹饪时,应尽量减少用盐量,这样可避免烹饪的食物外熟内生。

电视机

1. 电视机的耗电和音量有关,把电视的声音调到适合的程度。这样一来,既省了电,也不会干扰邻居。

2. 看完电视立刻关闭电源,而不是把它搁置在待机状态,不拔掉电源插头会消耗很大的电量。因为电视机在待机状态下耗电一般为其开机功率的10%左右,假设一台21英寸彩电每天待机16—24个小时,那么每月耗电为4.23度。

3. 不要频繁开关。对无交流关机的遥控彩电,关机后遥控接收部分仍带电,且指示灯亮,将耗部分电能,关机后应拔下电源插头。

4. 用液晶屏幕代替CRT屏幕。液晶屏幕与传统CRT屏幕相比,大约节能50%,以开机一小时计算,每台每年可节电约20度,相应减排二氧化碳19.2千克。如果按照全国约4 000万台CRT屏幕都被液晶屏幕代替,每年可节电约8亿度,减排二氧化碳76.9万吨。

热水器

1. 使用电热水器应尽量避开用电高峰时间,改用淋浴代替盆浴可降低费用。

2. 如果您家里每天都常需要使用里边的热水,并且热水器保温效果比较好,那么您应该让热水器始终通电,并设置在保温状态。因为保温一天所用的电,比把一箱凉水加热到相同温度所用的电要少。这样不仅用起热水来很方便,而且还能达到省电的目的。

3. 适当调低淋浴温度。如果将淋浴温度调低1℃,每人每次淋浴可相应减排二氧化碳35克。如果全国13亿人中有20%这么做,每年可节能64.4万吨标准煤,减排二氧化碳165万吨。

空调

1. 夏季空调温度调至27℃。炎热的夏季,空调能带给人清凉的感觉。不过,空调设定的温度越低,消耗能源越多。如果每台空调在国家提倡的26℃基础上调高1℃,每年可节电22度,相应减排二氧化碳21千克。如果按照全国1.5亿台空调计算,那么每年可节电约33亿度,减排二氧化碳317万吨。

2. 出门提前关空调。空调房间的温度并不会因为空调关闭而马上升高。出门前3分钟关空调,按每台每年可节电约5度的保守估计,可相应减排二氧化碳4.8千克。如果按照全国1.5亿台空调计算,那么每年可节电约7.5亿度,减排二氧化碳72万吨。

3. 减少"开机率"。空调耗电与否主要取决于"开机率",启动时最耗电,因此不应频繁开、关空调。

4. 空调配合使用电风扇低速运转。这样可使室内冷气分布较为均匀,不需降低设定温度即可达到舒适状态。

5. 善用空调的睡眠功能或经济运行功能。比如夜间尽可能使用空调睡眠功能,可省电20%。

6. 选用空调匹数要与房间大小相配:1匹空调适合12平方米左右的房间,1.5匹空调适合18平方米左右的房间,2匹空调适合28平方米左右的房间,2.5匹空调适合40平方米左右的房间,3匹空调适合50平方米左右的房间,5匹空调适合70平方米左右的房间。

7. 定期清洗滤网。每月至少因清洗一次空调过滤网罩上的积灰，预计可节电 10％至 30％；另外也不要给空调外机穿"外衣"，因以免影响散热而增加电能消耗。

链接：巧用空调冷凝水

1匹的空调在常温制冷或除湿工作时，每 2 小时可排出冷凝水 1 升。如在空调排水管下装一个可乐瓶，装满后再盛入容器内，积少成多，不但可以用来冲马桶、洗抹布，养鱼、浇花效果更好。空调冷凝水的 pH 值为中性，十分适合养花、养鱼，用于盆景养殖，还不易泥土碱化。

冰箱

1. 尽量减少冰箱开门次数。如果每天减少 3 分钟的冰箱开门时间，1 年可省下 30 度电，相应减少二氧化碳排放 30 千克；如果及时给冰箱除霜，每年可以节电 184 度，相应减少二氧化碳排放 177 千克。如果按照全国 1.5 亿台冰箱计算，每年可节电 73.8 亿度，减少二氧化碳排放 708 万吨。

2. 温度调节器挡位合理选择。冰箱内温度越低，所耗的电量就越大。对于普通家庭来说，冰箱冷藏室温度设置在 5 ℃到 8 ℃，而冷冻室内的温度最好保持在 －16 ℃到 －18 ℃左右；减少冰箱的开门次数，且最好选择在冰箱压缩机启动时开冰箱的门。

3. 摆放位置有讲究。冰箱的两侧和背部必须离开墙壁 10 厘米以上，且远离热源。

4. 滴水冷却散热器可节电。在电冰箱散热器的骨架上覆盖一层湿纱布，冰箱的顶部放盆自来水，然后用一根软管把水缓慢地引滴到纱布的端头，水的流量控制用调节夹夹在软管上（如同医院的输液管），一般每天一盆水就能取得较好的节电效果。

5. 冷藏食品要体积小且放得松散。冷藏物品不要放得太密,箱内食品放置量约为冰箱容积的 80% 为宜,留下空隙利于冷空气循环,这样食物降温的速度比较快,减少压缩机的运转次数,节约电能。

6. 热食品应冷却到接近室温后再放入冰箱。

7. 同类食品分成小包装再分别放入冰箱存放。

8. 非自动除霜的冰箱,当蒸发器上的霜层达 4—6 毫米时,应及时除霜。

9. 冷冻的食品食用前可预先放在冷藏室内慢慢解冻,这样可以把解冻的冷量利用起来。

10. 箱内贮存食品过少时,由于热容量变小,压缩机开停时间缩短,造成冰箱累计耗电量增加。所以食品过少时,可用几只塑料盒盛水放进冷冻室内冻成冰块,然后定期放入冷藏室内。

11. 冷凝器、散热管上的灰尘要及时清除。

电脑

1. 不用电脑时以待机代替屏幕保护,这样每台台式机每年可省电 6.3 度,相应减排二氧化碳 6 千克;每台笔记本电脑每年可省电 1.5 度,相应减排二氧化碳 1.4 千克。如果按照全国 7 700 万台电脑计算,那么每年可省电 4.5 亿度,减排二氧化碳 43 万吨。

2. 调低电脑屏幕亮度,每台台式机每年可省电约 80 度,相应减排二氧化碳 29 千克;每台笔记本电脑每年可省电约 15 度,相应减排二氧化碳 14.6 千克。如果按照全国约 7 700 万台电脑屏幕计算,那么每年可省电约 23 亿度,减排二氧化碳 220 万吨。

3. 随手关显示屏:如果长时间不使用电脑,最好将主机和显示器关闭;如主机无法关闭也最好关闭显示屏。

4. 尽量启用"睡眠"模式。短暂休息期间,尽量启用电脑的"睡眠"模式。

5. 彻底关机后应将电源插头拔下,不仅可以省电,也能延长电脑的寿命。

6. 多用耳机或降低音箱的音量。这样做可减少音箱的耗电量。

洗衣机

1. 设置省电模式。对家用洗衣机来说,"强洗"比"弱洗"要省电;"标准"功能比"呵护"功能节电。一般来说,洗化纤物以 3 分钟、棉织品和床单以 7 分钟为宜。

2. 衣物洗涤要集中。尽量储满足够衣物后才使用,全自动洗衣机可选择在晚上 10 点"谷时"电价开始后才开动。

3. 衣物洗前提前浸泡。使用无泡洗衣粉浸泡 15 分钟到 20 分钟,可以减少漂洗次数,节水又节电。

4. 恰当掌握脱水时间。各类衣物在转速 1 680 转/分钟的情况下脱水 1 分钟,脱水率就可达到 55%,再延长时间脱水率也很难提高,所以洗衣服后脱水时,脱水 1 分多钟就可以了。

5. 如洗衣机使用的时间较长(3 年以上),发现洗涤无力,应更换或调整洗涤电机皮带,使其松紧适度。需要加油的地方应加入润滑油,使其运转良好,达到节电的目的。

链接一:老式洗衣机如何省水省电

1. 选择在自来水温度高的时候洗衣服。

2. 加温洗涤。

3. 预洗:较脏的衣物可从预洗开始洗涤。

4. 预处理:衣领、袖口等较脏的部位,喷洒少许衣领净。

5. 浸泡:特别脏的衣物可选好程序预洗一会儿,再断开电源浸泡几个小时后,接通电源重新洗涤,可使洗涤效果更佳。

6. 采用低泡洗衣粉:因高泡洗衣粉泡沫太多(尤其在加温洗涤时),使洗涤、漂洗作用大大减弱,采用低泡沫洗衣粉,洗涤发挥最大作用,使衣物更干净。

链接二:节省洗涤时间大作战

1. 根据衣物的质料来选用不同的洗涤程序,正确的洗涤程序是:棉织品→化纤织品→羊毛羊绒织品。

2. 根据衣物的脏净程度选择不同的起始洗涤程序,对于不太脏的衣物选用快速洗涤,可省水、省电、省时间。

电风扇

1. 风扇电机的耗电量与负载大小(即电风扇的叶片大小)及电机两端所加电压高低成正比,电机两端所加的电压又与转速成正比。也就是说电风扇的叶片直径越大、转速越高越费电。在基本满足风量的条件下,应尽可能选用叶片直径较小的电风扇。

2. 电扇使用中低挡转速。电扇的耗电量与扇叶的转速成正比,同一台电风扇的最快挡与最慢挡的耗电量相差约40%。在大部分的时间里,中、低挡风速足以满足纳凉的需要。以一台 60 瓦的电风扇为例,如果使用中、低挡转速,全年可节电约 2.4 度,相应减排二氧化碳 2.3 千克。如果对全国约 4.1 亿台电风扇都采取这一措施,那么每年可节电约 11.3 亿度,减排二氧化碳 108 万吨。

电饭锅及油烟机

1. 煮饭前,提前淘米并浸泡 10 分钟,可大大缩短米熟的时间,节电约 10%。每户每年可因此省电 4.5 度,相应减排二氧化碳 4.3 千克。如

果全国 1.8 亿户城镇家庭都这么做,那么每年可省电 8 亿度,减排二氧化碳 78 万吨。

2. 煮饭时,可在沸腾后断电 7—8 分钟再重新通电,充分利用电热盘的余热后再通电。当电饭锅的红灯灭、黄灯亮时,表示锅中米饭已熟,这时可关闭电源开关,利用电热盘的余热保温 10 分钟左右。如果在锅上盖一条毛巾还可以减少热量损失。开始吃饭时就可以切断电源,饭锅的保温性能完全能保持就餐需要的温度,从而达到节省电能的目的。

3. 保持内锅和外锅的清洁。电热盘表面与锅底如有污渍,应擦拭干净或用细砂纸轻轻打磨除污;电饭锅使用过久而污垢过多时,应把它投放在热水中泡一泡,再用较粗糙的布擦拭,直到露出金属光泽为止,以提高传感效率。煮饭时要将电饭锅放平,并注意保持锅底和电热盘紧密吻合。

4. 按人口选择功率和容量适合的电饭锅,例如:2—4 人选 450—500 W 的电饭锅,3—6 人选 550—600 W 的电饭锅比较合适。电饭锅最好选用定时式电饭锅,因为它比保温式电饭锅少用电。

5. 电饭锅功率大省时省电,比如煮 1 千克米的饭,500 W 的电饭锅约需 30 分钟,耗电 0.27 千瓦时;700 W 电饭锅约需 20 分钟,耗电仅 0.23 千瓦时。

6. 煮饭时将米淘净加热水浸泡 15 分钟左右再加热水,然后开启电饭锅,这样就会大大缩短煮饭的时间,且煮出的米饭特别香。

7. 切勿将电饭锅当成电水壶用。同样功率的电饭锅和电水壶烧一暖瓶开水,用电水壶只需 5—6 分钟,而电饭锅则需 20 分钟左右。

8. 避开高峰用电时节电段。同样功率的电饭锅,当电压低于额定值 10% 时,则需延长用电时间 12% 左右,用电高峰时最好不用或者少用电饭锅。

9. 尽量避免抽油烟机空转。如果每台抽油烟机每天减少空转 10 分钟,1年可省电 12.2 度,相应减排二氧化碳 11.7 千克。如果按照全国 8 000万台抽油烟机计算,那么每年可省电 9.8 亿度,减排二氧化碳93.6 万吨。

照明灯具

1. 家中使用的照明灯具应尽可能选用亮度高、功率小的节能灯具。近几年我国推广的节能灯有:稀土荧光灯、金属卤化物灯、高压钠灯、双绞丝型的白炽灯等。一支 11 瓦的稀土荧光灯的光能量相当于 60 瓦的白炽灯所发的光通量。使用节能灯具,一般可节电 20%至 30%左右。但一定要使用正规厂家生产的高质量节能灯具,不可贪图便宜,以免给自己造成不必要的损失。

2. 家中现有的白炽灯(包括吊灯、壁灯、长明灯等),如果不需要高亮度,可在电路中串入一个整流二极管(100 W 以下可选 1 A 400 V、100 W—300 W 选 2 A 400 V),这样可节省电 40%左右。

链接:电灯照明小窍门

1. 荧光灯管使用一段时间后,往往两端会发黑,亮度也随之下降。如果把灯管掉转 180 度重新插入灯座,亮度会明显提高,寿命也可延长近 1 倍。

2. 白色墙面、浅色家具,不仅干净清爽,还能节电。因为浅色有利于反射光线,照度分布也均匀。

吸尘器

1. 使用吸尘器时,一定要依据不同情况选择吸嘴。如清洁沙发时,应用家具垫吸嘴;清洁书柜或天花板时,应选用圆吸嘴;清洁地毯或地板时,应选用地毯、地板两用吸嘴;而清洁墙角或墙边时,应选用缝隙吸嘴。吸嘴选用正确,可使吸尘器的吸力增强,工作效率也增加,还可以节省电能。

2. 使用之前,认真检查吸尘器的风道、吸嘴、软管及进风口有无杂物堵塞,若发现有堵塞时,应立刻清除。还应认真检查吸嘴与软管是否接牢,若连接不牢也会使吸尘器漏风,影响吸尘器的吸力造成多耗电。

3. 吸尘器过滤袋中的灰尘要及时清除,这样可增强吸尘器的吸力。否则,吸尘器的吸力将会减弱,在相同功率下,吸物能力将降低,耗电量也将增加。

4. 定期给吸尘器转轴添加机油,并更换与原来牌号相同的电刷。

5. 不在潮湿的地方使用家用吸尘器。

数码相机

1. 在有些情况下,我们可以选择禁用闪光灯,通过适当调节感光度和曝光组合来达到正确曝光。

2. 对于有光学取景器的相机,可以使用光学取景器,同时尽量减少图片回放,这样可以大大增加待机时间。

3. 照相机的摄像及连拍功能对于电力的消耗也较大,如果没有特殊的需要应该尽量减少使用这些功能。

4. 光学防抖功能是一个电力杀手,在正常的情况下,尽量在拍摄时再开启防抖功能以节约电力。

5. 市面上绝大多数的数码相机都内置了节电功能,只要在一定时间内不对相机进行操作,相机就会自动停止待机以免耗电,应当合理利用这种功能。

笔记本电脑

1. 降低屏幕亮度,因为把亮度开到最高是笔记本电脑电池第一杀手。

2. 尽量不要使用外部设备,任何 USB 和 PC 卡设备都会消耗电能。

3. 少打开几个程序,做什么事就开什么程序,把其他的关掉。

4. 保持冷却，保证排气孔没有被堵住，尤其是放在你腿上的时候。

5. 关掉不用的服务程序。MSN Messenger、Google 桌面搜索、QuickTime、无线设备管理器等等，在不需要它们的时候把它们都关掉。

6. 使用休眠而不是待机。如果你的笔记本电脑支持休眠功能，往往比系统待机更省电。

7. 调整能源管理器中的高级配置，选择更省电的模式。

8. 慎重选择应用程序。Word、Excel、Outlook 和文本编辑器都是比较省电的程序，所有 Adobe 的程序、所有 Google 的插件都是耗电能手。此外玩游戏也非常耗电。

9. 注意你的硬盘。不要用电脑放音乐，主要原因是硬盘耗电。有的硬盘启动耗电比较多，找找规律看看闲置多长时间后再让硬盘停转最合适。

10. 在上飞机前就做好系统调整，上飞机后再做只能消耗更多的电源。做好调整后，让笔记本电脑休眠。

电熨斗

1. 家用电熨斗有两种型号，一种是能调节温度的，称为调温型；另一种是普通型，其结构比较简单，价格便宜，但不能调节温度。使用调温型电熨斗时，只要预先旋转调温旋钮到某一温度位置，就可使电熨斗保持在所调定的温度上。家庭最好选用调温型电熨斗，这样熨烫衣料既安全可靠，又确保质量，还可节约用电。普通型电熨斗最好选择手柄上带有开关的，可随时控制温度，节省电耗。

2. 注意掌握熨烫各种衣料所需要的温度。一般棉织品较耐高温，约180—210 ℃；毛织品其次，约 150—180 ℃；化纤织品再次，约70—160 ℃。使用普通型电熨斗需掌握通电时间，电熨斗通电时间越长，温度越高。在平时使用时，应根据不同衣料所需要的温度随时掌握电熨斗的通电时间，可达到节电的目的。

3. 充分利用电熨斗的余热,也是节约用电的一个途径。如在熨烫毛料服装正面时,需要较高的温度,当接着熨反面时,又需要较低的温度。所以,在快熨烫完正面的前 1 分钟左右关掉开关,待熨完正面再去熨反面时,温度刚好合适。如果要接着熨第二件毛料服装,就用低温熨反面,提前 1 分钟左右接通电源,待电熨斗温度上升后,再熨正面正合适。

4. 如有条件,可安装一个降压保温装置,这样,电熨斗在暂时停熨时,可自动保温,以减少电的消耗。

■ 第四节　节气篇

灶具选择及使用技巧

1. 使用平底锅相对比尖底锅要省气,因为它的受热面积更大。

2. 灶具的喷嘴要常清理。如果灶具的炉头、喷嘴使用时间过久,铁锈会堵塞气路,导致煤气燃烧效率下降,从而耗费更多的煤气。因此,炉头喷嘴应该及时进行清理,清理时要请专业人士,不要自行拆开燃气具的零部件。

3. 在炉盘上放置节能圈,当锅放在炉圈时,立即大火燃烧,当锅离开炉圈时大火变为小火状态,减少了空烧现象的燃料消耗。

4. 提倡用小锅炒菜,这样发热快,省时又省气。

5. 使用高压锅煮东西时,达到高压就把火关小,直至煮得差不多熟再提前 10 分钟关火,但不要立刻冷却打开,里面的气可以继续煮熟食物。

6. 制作"挡风罩"。做饭的时候,常常会有风把火吹得摇摆不定,使火力分散,用薄铁皮制作一个"挡风罩",既能保证火力集中而且不致浪费天然气。

7. 用锅或壶炒菜烧水时,应先把表面的水渍抹干再放到灶上去,这样能使热能尽快传进锅内,节约用气。

8. 风门调至最佳状态时,煤气在充分燃烧时的火焰颜色呈湛蓝色,火头喷发有力,这时同样容积的煤气发出的热量最多。如果看到红焰、黄焰、回火、离焰、脱火等现象,可以试着调整一下燃器具的风门。

9. 厨房要保持良好的通风环境,否则燃气燃烧时没有充足的氧气,特别费气。

10. 热水器应安装在水龙头最近处,这样减少水的传递过程,可以节约不少的气。

烹饪节气技巧

1. 炒菜做饭不"空烧"。烹调中加油、加调料、装盘、分菜、配菜交接、刷锅等过程是不需用火的。

2. 炒菜时,开始下锅时火要大些,火焰要覆盖锅底,但菜熟时就应及时调小火焰,盛菜时火减到最小,直到第二道菜下锅再将火焰调大,这样省气,也减少空烧造成的油烟污染。

3. 有些家庭喜欢每天将家中所有的开水瓶灌满开水,而实际上又用不完,第二天倒掉。一瓶水,需要加热 7 分钟才能烧开,倘若用户能根据实际,减少每天多烧的开水量,其节省的燃气就十分可观了。

4. 烧水时,水越接近沸点,需要的热量越大,消耗的燃气就更多,所以,在烧热水时,不要将水烧开后再对冷水,可直接将冷水烧至需要的温度,这样可节省燃气。

5. 不少人是先点燃煤气再开始洗米、择菜、配料,这无形中增加了煤气的浪费,如果先将做饭的准备工作做好,做菜时一气呵成,则可大大节约煤气的使用。

6. 做饭时最好一个炉子的几个炉眼同时使用,能省气、省时。

7. 锅距要恰当,锅底与灶头之间应保持2—3厘米的距离。

8. 烧开水时开始用小火,过几分钟后再开大火,可提前几分钟将水烧开。

9. 控制火的大小。做饭时,火不是越大越好,火的大小应该根据锅的大小来决定,火焰分布的面积与锅底相平即为最佳。

10. 宜焖不宜蒸。很多人做饭喜欢用蒸的方法,其实蒸出来的饭反倒不一定比焖出来的饭好吃,并且蒸饭所用的时间是焖饭所用时间的3倍。

液化气瓶节气技巧

1. 用完液化气,首先应拧紧气瓶的阀门,再关液化气炉。一些人炒完菜,往往先关液化气炉,这时由于气压存在,瓶内液化气还会往上跑,不仅浪费,还容易造成漏气,带来安全隐患。

2. 液化气炉使用时间长了,出火口容易被灰尘堵塞,不仅影响火力,还会造成漏气,应定期清洗、保养灶具,清除出火口上面的灰尘,以便燃烧充分。

3. 液化气瓶应该放在家中干燥处,因为潮湿的地方很容易腐蚀金属气瓶,一旦气瓶的某个部位过度腐蚀,局部气压一大就会出现穿孔,轻则漏气,重则带来安全隐患。

4. 液化气瓶长时间使用后,减压阀与角阀接口之间的胶皮垫圈、手轮旋钮上的垫圈容易磨损造成漏气,可以用一些肥皂水检查,产生大量泡沫的部位,就存在一定程度的漏气情况,此时应立即更换垫圈。

链接:家庭节气妙招

熬绿豆汤省火法

熬绿豆汤时,先把绿豆用凉水泡几个小时,然后放入热水瓶里灌入开水,几小时后绿豆开花了,绿豆汤也好了。煮稀饭时,米用水泡后再熬可以省燃气。

煮鸡蛋省火法

煮鸡蛋时,要用密封性好的锅,水刚好淹过鸡蛋就可以。水滚开后1分钟关火,再等上几分钟,鸡蛋就被焐熟了。这样,不管用燃气还是用电,都能节省不少。

煮面条省火法

当锅底有小气泡往上冒时就可以下面条,不要等到水滚开后再下。搅几下盖锅煮熟,适量加点冷水,再盖锅煮到滚开就可以。这样不但省火,煮出的面条也比较柔软。

巧炖银耳汤

头天就把洗好的银耳放到装开水的瓶中泡上,注意水要多漫过来一些。第二天把泡好的银耳倒入锅中,用大火烧开,然后改用小火焖20分钟就可以了,这样可以节省80%的能源。

chapter 6 >>

第六章
低碳·装修篇

■ 第一节　低碳家装

什么是低碳家装

"低碳家装"是以减少温室气体排放为目标,以低能耗、低污染为基础,注重装修过程中的绿色环保设计、可利用资源的再次回收、装饰产品的环保节能等,从而减少家居生活中的二氧化碳排放量。

控制五个环节

1. 注意工程设计环节。设计是低碳装饰装修的基础,在设计中不但要注意美观和装修风格的选择,更要注意绿色、环保、安全和节能。例如通过控制室内空间承载量,解决室内环境污染问题。

2. 注意施工工艺环节。选择合理、先进的施工工艺,可以有效地减少材料的消耗和能源的浪费。例如尽量选择工厂化的施工工艺、对传统施工工艺进行科学改革等等。例如"薄贴法"等新工艺可以把节约、环保做到极致。与传统贴砖工艺相比,"薄贴法"除了在用料上节约外,使用的成品黏结剂强度是普通水泥砂浆的 2—4 倍,彻底解决空鼓、掉砖的问题,更能为业主节约厨房、卫生间的使用空间。

3. 注意施工管理环节。加强施工现场的物料管理，能源消耗管理和环境管理，减少材料和能源的浪费，也是控制装饰装修工程中的碳排放的重要一环。

4. 选择装修材料环节。低碳不仅表现在我们选择材料本身的环保和安全，而且要注意使用生产过程中的碳排放，注意材料使用原料的可再生和低碳。比如控制和减少铝材的使用和实木材料的使用，注意选择符合节能要求的材料等等。

5. 家居产品的选择和使用环节。通过装饰装修工程为低碳生活打下一个良好的基础，同时人们还要注意家具的选择、太阳能的利用和家用电器的选择等等。比如目前大多数饮水机没有自动断电功能。据统计，饮水机每天真正使用的时间约 9 个小时，其他时间基本闲置，近三分之二的用电量因此被白白浪费掉。

施工五大要点

1. 墙体保温隔热方面：墙体、屋面和地面围护节能工程使用的保温隔热材料的导热系数、密度、抗压强度、燃烧性能应符合设计要求。严寒和寒冷地区外墙热桥部位，应按设计要求采取节能保温等隔断热桥措施。二手房和新房改造阳台时要注意原有阳台的墙面、地面和顶面的保温施工。

2. 门窗节能工程方面：保证楼房外窗的气密性、保温性能、中空玻璃露点、玻璃遮阳系数和可见光透射比应符合节能设计要求，可以采用具有断桥材料的平开窗。

3. 采暖节能工程方面：房屋采暖系统的制式，应符合设计要求；散热设备、阀门、过滤器、温度计及仪表应按设计要求安装齐全，不得随意增减和更换；安装室内温度调控装置、热计量装置、水力平衡装置。

4. 配电与照明方面：低压配电系统选择的电缆、电线截面不得低于设计值。照明节能改造，如安装节能灯和声、光控感应灯具等。

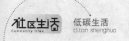
5. 节水器具的使用方面：安装节水型用水器具；二手房装修中注意更换成节水型用水器具。

链接：装修认识误区：低碳家装花费高

在不少消费者的心目中，总以为"低碳"家装就一定等于高价家装，事实并非如此。专家称，由于"低碳"家居提倡简约、少制作，自然节省了不少材料和人工成本；再加上在施工过程中提倡资源回收和再利用，也可以大幅减少材料浪费，节省施工成本等。此外，低碳家居表面上看起来使用的材料单价较贵，但由于使用节能节材新工艺和新技术，因此实际使用的材料更少，也节约了成本。

专家眼里的低碳装修

追求人与自然的和谐，提高舒适性

广州大学建筑设计研究院副院长王河博士及设计专家认为，低碳家居首先要倡导人与自然的和谐，其次也要注重与本土人文文化的结合。因此在设计低碳家居时，首先要考虑顺应山势等地理自然条件，且在室内装饰设计中充分利用有效空间，不建议大拆大建，避免二次浪费，尽量在原有结构上创造多功能可变空间。

增加自然通风和采光，节约能源

设计工程公司吴宗敏教授和深圳设计师明罡女士认为，低碳家装贯穿在从材料选购、家装设计、装修施工等家装全部过程中，充分利用自然光、风能、太阳能等，就地取材，尽量减少人工光源和空调的使用、降低能耗等，从而达到节能减排的目的。

利用废旧材料，打造创意空间

吴宗敏教授表示，采用旧料制作的装饰效果更具复古意味，也更具欣赏性。他说,废旧木料、家具、用剩下的 PVC 管、脚手架等,均是可以回收利用变废为宝的绝佳材料。只要眼光独到,创意突出,也一样可以将不起眼的旧料打造出别具新意的装饰效果,且还能节省不少家装成本。

节能建筑的标准是什么

1. 小区布局合理,每幢楼的排列角度都经过精心计算。

2. 建筑单体设计科学,建筑朝向要根据当地一年四季的阳光、风向变化来设计。

3. 外墙保温性好,节能建筑比非节能建筑外墙保温性要高 2—3 倍。

4. 门窗保温性好,与非节能建筑相比保温性好 1.3—1.6 倍。

5. 屋顶保温性好,与非节能建筑相比保温性好 1.5—2.6 倍。

6. 通风性更好,高屋住宅底层架空,通风性好,居室窗户采用可随时开合的百叶窗结构,使室内保持良好的空气流通状态。

■ 第二节 低碳装修红黑榜

红榜

1. 推广使用太阳能热水器。现在太阳能热水器能够轻松挂放于墙上,解决了不是居住在顶层的住户安装太阳能热水器的难题,但是一定要在装修工程施工中同步进行管道安装,并注意水箱安装安全。

2. 推广安装使用平开窗。传统的推拉窗密封性能不好,是家庭中能源浪费的重要环节。目前市场上的各种平开窗不但具有密封性能好的特点,而且具有上悬通风功能,可以保证室内通风换气,但高层楼房尽量不要向外开。

3. 推广使用新型硅藻泥内墙涂料和水性漆。传统的乳胶漆和溶解性木器漆含有化学性材料,里面的挥发性有机物是室内环境污染的主要来源,新型内墙涂料和水性漆不但本身无污染,还具有净化有害物质、调

节室内环境湿度和吸收降低室内噪声的效果。

4. 推广使用具有空气净化功能和热交换功能的新风换气机。解决室内环境污染问题的方法之一是进行通风换气,但是传统的开窗通风一方面会造成室内能源的浪费,同时也会使得室外空气中的污染物进入室内,热交换功能的新风换气机可以保证在不浪费室内温度的情况下,进行室外的空气交流。

5. 使用空气净化器。目前空气净化器一方面可以有效地消除室内装饰装修中的化学性污染,更有净化室内空气中可吸入颗粒物的作用,会大大提高室内空气品质,适用于各种条件的家庭,但要注意根据室内环境中的污染物选择净化器,并经常更换净化器的滤芯。

6. 推广使用竹材装饰装修。建造相同面积的建筑,竹子的能耗是混凝土能耗的 $1/8$,是木材能耗的 $1/3$,是钢铁能耗的 $1/50$。以前大家使用竹地板比较多,目前适应低碳环保的要求,在家庭装饰装修中以竹代木,推广竹材装饰装修,不仅节能,而且成本低廉、质量可靠、经久耐用。

7. 推广使用户外遮阳。户内遮阳就是把遮阳帘安在窗户的里面,窗帘在视觉上形成了一个遮阳假象,实际上热量已经进入了房间,在玻璃窗内产生温室效应,不可避免地使室内积聚热量,在夏季必须要用空调。而户外遮阳把遮阳的面料放在玻璃的外面,挡住了光线的同时,又能通过遮阳面料对热量进行吸收与反射,起到了很好的节能作用。有数据表明,通过户内遮阳将有 80% 的热量进入到房间,而户外遮阳只有 40% 的热量进入到室内。

黑榜

1. 禁止使用 PVC 上水管。由于 PVC 上水管中含有一种铅盐材料,会污染饮水,已经被国家强令禁止使用。如果家庭二次装修一定要更换掉。

2. 禁止使用大芯板在室内打衣柜。在室内装修中采用大芯板在现场打造家具,是不可取的,一方面是现场制造的工艺局限、另外大芯板本身的甲醛污染问题难以消除,同时还会造成材料的浪费和现场施工管理问题。

3. 禁止在实木地板或者复合地板下面使用大芯板或者密度板做衬板。这是严重污染室内环境的工艺,实木地板下面可以直接打龙骨的方法,龙骨之间可以放置具有吸附性能的海泡石颗粒和活性炭,不但可以有效地净化室内空气,还可以保护实木地板不变形。

第三节　低碳家装小贴士

怎样设计客厅更低碳

1. 将会客区域安排在临窗的位置,就可以不用特别设计区域照明。

2. 设计客厅时应选择简洁、明朗的装修风格,多使用玻璃等透明材料,采用浅色墙漆、墙砖、地板。并选用浅色家具,减少过多的装饰墙。

3. 加宽门和窗,这样可以吸收到足够的自然光线和新鲜空气,使居室更敞亮、柔和。

4. 如果客厅本身的位置采光不好,可通过巧妙的灯光布置和加大节能灯使用来加以改善。

低碳装修减少四个量

1. 减少装修铝材使用量。铝是能耗最大的金属冶炼产品之一,减少1千克装修用铝材,可节能约9.6千克标准煤,相应减排二氧化碳24.7千克。如果全国每年2 000万户左右的家庭装修能做到这一点,那么可节能约19.1万吨标准煤,减排二氧化碳49.4万吨。

2. 减少装修钢材使用量。钢材是住宅装修最常用的材料之一,钢材生产厂家也是耗能排碳的大户。减少1千克装修用钢材,每月可节能

0.74千克标准煤,相应减排二氧化碳1.9千克。如果全国每年2 000万户左右的家庭装修能做到这一点,那么可节能约1.4万吨标准煤,减排二氧化碳3.8万吨。

3. 减少装修木材使用量。适当减少装修木材使用量,不但保护森林,增加二氧化碳吸收量,而且减少了木材加工、运输过程中的能源消耗,少使用0.1立方米装修木材,可节能约25千克标准煤,相应减排二氧化碳64.3千克。如果全国每年2 000万户左右的家庭装修能做到这一点,那么可节能约50万吨标准煤,减排二氧化碳129万吨。

4. 减少建筑陶瓷使用量。家庭装修时使用陶瓷能使住宅更美观,不过,浪费也就此产生,部分家庭甚至存在奢侈装修的现象。节约1平方米的建筑陶瓷,可节能约6千克标准煤,相应减排二氧化碳15.4千克。如果全国每年2 000万户左右的家庭装修能做到这一点,那么可节能约12万吨,减排二氧化碳30.8万吨。

低碳达人装修绝招大放送

张先生是位生活中不折不扣的低碳达人,前不久家里刚刚装修完。通过这段时间的装修,他总结出了十大低碳绝招。

招数1 严把材料及工艺关

张先生说,他家的家具全部是让家具厂上门定做的。"一定要求他们把家具全部封边,这样就把甲醛封在了里面不会跑出来,家具的板材也要选择双面板"。买建材一定要去正规的大型建材市场,少用复杂材料。

招数2 地板下铺活性炭

张先生新居客厅铺的是复合地板,100多元钱一平方米。张先生说,这主要是因为在客厅招待客人,可能会有水洒到地板上。"很多人会在复合地板下面铺大芯板,我铺的是一种叫铺垫宝的东西,还铺了活性炭,它的好处是隔凉又隔潮。而且没有使用黏合剂,让厂家直接铺装"。

招数 3 节能窗户墙上安

最让张先生得意的是家里安装的窗户是节能的。这种窗户和一般家庭的窗户不太一样,是上旋窗,他说:"这是真空玻璃,有金属条,上面还有隔热断桥铝,夏天可以隔热,冬天可以保温。价钱稍高一些,一平方米几百块。"这种窗户的设计是上旋通风,开窗的时候不用动窗台上的东西,通风方便,空气从高处走,也不会吹到房间里的人。张先生说,安了这个窗户后夏天家里都没怎么用空调。

招数 4 浴室省水窍门多

新居最能体现节能的就是卫生间的设计,里面安装了一个淋浴器和一个浴缸。此外马桶旁还安装了一个男用小便器。张先生解释说,"现在新房的卫生间都比以前设计得大,安装两个洗澡用具是为了先在淋浴房里洗,之后到浴缸里泡,这样浴缸的水还可以用来洗衣服,冲马桶,拖地、浇花什么的"。

招数 5 太阳能烧水省能源

张先生说,现在他家人不论是洗澡、洗脸,还是卫生间、厨房使用热水都用的是太阳能装置。"特别方便,只要有阳光就行,冬天就算零下10 ℃,水温还能达到 40 ℃"。

招数 6 装饰灯泡不通电

新居顶棚上安装了一些灯但都不亮,一问才知道,这些灯都没有通电,"就是为了装饰一下,我家使用的全部是节能灯泡,每个房间也没有安落地灯、壁灯什么的。"张先生表示,有的人在一间卧室里就装了 6 个灯,实际上根本没用,线路走得多,不但造成浪费,而且安全隐患也增多。

招数 7 节约材料合理用

"比如我们家厨房的橱柜,就把后备板省略了,后面直接就是瓷砖。除了节约材料外,后备板也有味且易生虫,受潮就很难处理。"张先生表示,消费者装修前应该事先量好需要多少建材,合理安排。但也不必担忧买多了浪费,因为现在正规的建材城都可以多退少补。

招数8　绿色植物家中摆

张先生家里绿色植物特别多,粗粗数了一下,大概有近 20 盆。张先生说,植物也可以清除甲醛,如芦荟、虎尾兰、吊兰、常春藤等都是净化室内空气效果较佳的植物,它们对房间里的甲醛、苯等有害气体有着很强的吸收消灭能力。此外,还能美化室内环境,调节室内空气质量,增加空气湿度。

招数9　装修心态要摆正

张先生认为,装修还是要摆正心态。"很多人都觉得装修特难而且特害怕,怕甲醛,怕被装修队坑了,怕装完有质量问题。装修成了大家的心理负担。"张先生提倡消费者在家庭装修时调整好心态,正确处理装修中的各种关系,把装修当成一件快乐的事情。

招数10　行家里手做指导

最后张先生强调,在整个装修过程中应该请比较懂行的人或专家先指点一下。他听说国家有关部门申请一个新的岗位和职业,叫装修指导师。张先生说,现在装修公司的生存空间越来越小,很多年轻人甚至喜欢自己开始动手装修,如果将来专门有这样的人做咨询和指导,一定会非常有市场。

潮流解读:旧物成背景墙新装饰

壁纸的万千风情就像是走在时尚前端的霓裳元素,总是让墙面在空间里跃然而出,成为家中最值得炫耀的作品。除了壁纸这一流传至今,且也是最常用的墙面装饰材料外,时下的年轻设计师给墙面又增添了无限创意。利用家中的旧物,以它们特有的灵性打造不一样的另类生活空间。

白色的波浪形收纳架搭配蓝色的墙面,宛若迎面吹来一股清新海风。

再在收纳搁架上装饰一些别致的杂志彩页等陈列物,组合成丰富的视觉效果,以此来装饰墙面,让家彻底甩掉单调的影子。

洗衣房的墙面上,用以前的旧衣服制作而成的饰品装点墙面再合适不过了。红色的墙面搭配深蓝色的衣服,简洁而写意,不仅突出了洗衣房的功能,也让单调的墙面生动起来,营造出一个干净而有条理的清洁空间。

用地图来衬托整面黄色墙壁,使墙面看起来不再单调。地图的运用不动声色地加强了整体空间的简约风格,渲染了一种怀旧、质朴的文化,来对照家居的现代感,这种对比使房间看起来更加个性。

空荡的床头背景墙上悬着一块布帘,上面造型轻盈而纤巧的字母组合有着轻松的涂鸦感,其十足的现代感让卧室充满清新快乐的味道。不同大小、字体等的组合增添活泼气氛的同时又保证了房间整体的清爽感觉。

从各个旅游景点搜罗回来的装饰餐盘,原本可以安静地放置进展示柜中,如今却随意地布满整个墙面。单色的墙面若是没有这些色彩缤纷的餐盘作为点缀,真的会让整个空间变得暗淡,有了这些餐盘则让空间变得明丽而有趣。

第四节 创意家装

低碳装修小创意

1. 托盘铁盒告示板

出去旅游的门票、某个城市的地铁图,留下来时常看看都能勾起一片美好的回忆。冰箱上已经贴满了,别急,你自己也可以制作,不喜欢的托盘、装糖果的铁盒都能用。托盘里可以装饰上零碎的壁纸,避免太单调,摆在书桌一角非常有趣。

2. 用玻璃瓶展示相片

有人非常喜欢在家里摆上各式各样的照片,购买相框就是一大笔开支。食品的玻璃瓶包装、用旧的玻璃杯,不要扔掉,把它们的商标去掉,把照片塞进去,就是极好的照片展示工具。瓶子大小不一、形状各异,摆放在一起,更容易塑造整体效果。

3. 抽屉柜的新装

老式的抽屉柜,是 20 世纪 80 年代每个家庭的必备。几次搬家都舍不得扔是因为它的确非常好用。无论是在厨房还是在玄关,多个抽屉便于将零碎物品分类收起,找的时候很容易。水曲柳的表面都开裂了,没关系,用白色木器漆整个涂刷,抽屉部分可以按照室内的色彩涂上喜欢的颜色。可以多用几种色彩,用来区分抽屉内部物品的类别。

4. 废报纸一次性锅垫

锅垫和盘子垫非常容易弄脏,不论什么材质脏了之后都难清洗。干脆使用废旧的报纸,像叠纸鹤那样,先叠成若干个菱形块,然后用订书钉或者双面胶拼接在一起,就做成了一次性的锅垫和盘子垫。用塑料饮料瓶制成的餐具笼也可以用报纸装饰一下,把报纸搓成小卷,然后依次贴在瓶子上,最后用漂亮的绳子装饰一下即可。

5. 水管蜡烛台

蜡烛并非永远是浪漫的代名词。刚刚装修过,家里剩下了不少水管和弯头,是拿去卖废品,还是自己动手做点什么东西? 使用水管拼接而成的蜡烛台,创意味道十足,材料全部来自家中,非常节省费用。可以事先大概画个草图规划一下尺寸和布局,以免造成返工。安装完毕后用鲜亮的油漆涂刷一下,晾干即可。结实的水管蜡烛台,夏天摆在庭院里,非常合适。

6. 重拾针线活

曾经,针头线脑是每个家庭的必备,现在,虽然生活中已经不再需要缝缝补补,偶尔有空,利用家里不穿的衣服和布头等,发挥创意,自己缝个手机套或缝制一些装饰画等,也是对自己动手能力的一次挑战。可以先在布块上缝制一些简单的图形或图案,然后罩在一个相框上。把它当做礼物,也十分有意义。

7. 明信片做装饰

用照片或者明信片做装饰,将它们用麻绳和小夹子固定,挂在壁橱的边框上,成为非常随意的装饰,能使人的视线停留,从而忽略柜子内部的凌乱。

8. 夜空中的精灵

悬在空中的茶杯,不是爱丽丝梦游仙境的场景,而是华丽的家居吊灯。利用回收的旧骨瓷茶具,做成灯罩的造型,时尚又美观。

9. 塑料瓶吊灯

每次喝完饮料后,你是否随手就把它丢了呢?有没有想过,只要你能动一点点心思,这些被你丢弃的塑料饮料瓶就可以变身华丽的吊灯。

10. 硬纸板家具

曾经荣获国际家具设计大奖的设计师 Reinhard Dienes 推出了一系列的硬纸板家具。这些家具和普通的家具相比,不仅同样美观时尚,制作精良,而且和木质家具一样坚固,但重量却要轻便很多,更重要的是环保,100％可回收利用。

chapter 7 >>

第七章
低碳·出行篇

■ 第一节　低碳出行

什么是低碳出行

在出行中,主动采用能降低二氧化碳排放量的交通方式,谓之"低碳出行"。

这种以低能耗、低污染为基础的绿色出行方式,倡导在出行中尽量减少碳足迹与二氧化碳的排放,也是环保的深层次表现。其中包含了政府与旅行机构推出的相关环保低碳政策与低碳出行线路、个人出行中携带环保行李、住环保旅馆、选择二氧化碳排放较低的交通工具甚至是自行车与徒步等方面。

事实上,低碳出行,在民间早已进行。多年前,在九寨沟等旅游景区,禁止机动车进入,改以电瓶车代替,以减少二氧化碳排放量。九寨沟能够多年一直保持清澈见底的水源,与其采用统一的环保大巴不无关系。

骑自行车或是徒步,这两种以人工为动力的出行,是每个人都能采取的最简约的低碳出行方式。

低碳出行三要点

一是转变现有出行模式,倡导公共交通和混合动力汽车、电动车、自行车等低碳或无碳方式,同时也丰富出行生活,增加出行项目。

二是扭转奢华浪费之风,强化清洁、方便、舒适的功能性,提升文化的品牌性。

三是加强出行智能化发展,提高运行效率,同时及时全面引进节能减排技术,降低碳消耗,最终形成全产业链的循环经济模式。

科学的出行方式是什么

城市过快的发展速度给交通系统带来巨大压力,交通工具已成为燃油消费和城市空气污染中废气排放的第一大户,我国的城市空气污染中,79%来自机动车尾气污染。所以,建议尽量选择公共交通出行。

公共交通系统以最低的人均能耗、人均废气排放和人均空间占用,而成为最高效的交通系统。另外,步行或骑车也是不错的选择。

2012年,国家发改委近日会同财政部等17部委共同制定了《"十二五"节能减排全民行动实施方案》。方案中表示,将加快推进公务用车制度改革,全国政府机构公务用车按牌号尾数每周少开一天,开展公务自行车试点。机关工作人员每月少开一天车,倡导"135"出行方案,即1千米以内步行,3千米以内骑自行车,5千米乘坐公共交通工具。

低碳出行能节省多少能量

骑自行车或步行代替驾车出行每100千米可以节油约9升;坐公交车代替自驾车出行100千米,可省油5/6。

按以上方式节能出行200千米,每人可以减少汽油消耗16.7升,相应减排二氧化碳36.8千克。

如果全国1 248万辆私人轿车的车主都这么做,那么每年可以节油2.1亿升,减排二氧化碳46万吨。

如果长途旅行,在1 000千米以内的不要乘坐飞机,因为这个距离内

考虑到往返机场和安检登机所耗费的时间,飞机并不比火车快多少。如果时间允许,能选择火车和长途汽车就不要选择飞机。

■ 第二节　低碳驾车

如何做到科学用车

二氧化碳是汽车尾气的主要成分,也是导致温室效应加剧的主要气体之一。为了改善我们生存环境,我们应该:

1. 选购小排量汽车

汽车耗油量通常随排气量上升而增加。排气量为 1.3 升的车与 2.0 升的车相比,每年可节油 294 升,相应减排二氧化碳 647 千克。如果全国每年新售出的轿车(约 382.89 万辆)排气量平均降低 0.1 升,那么可节油 1.6 亿升,减排二氧化碳 35.4 万吨。

2. 选购混合动力汽车

混合动力车可省油 30% 以上。每辆普通轿车每年可因此节油约 378 升,相应减排二氧化碳 832 千克。如果混合动力车的销售量占到全国轿车总销售量的 10%,那么每年可节油 1.45 亿升,减排二氧化碳 31.8 万吨。

3. 科学用车注意保养

汽车车况不良会导致油耗大大增加,而发动机的空转也很耗油。通过及时更换空气滤清器,保持合适胎压,及时熄火等措施,每辆车每年可减少油耗约 180 升。相应减排二氧化碳 400 千克。如果全国 1 248 万辆私人轿车每天减少发动机空转 3—5 分钟,并有 10% 的车况得以改善,那么每年可节油 6 亿升,减排二氧化碳 130 万吨。

4. 每月少开一天车

这样一来每年每车可节油约 44 升,相应减排二氧化碳 98 千克。如果全国 1 248 万辆私人轿车的车主都做到,每年可节油约 5.54 亿升,减排二氧化碳 122 万吨。

节油秘籍:汽车省油 6 大技巧

1. 汽车的保养与节油

进气系统一定要保持清洁,畅通无阻。空气滤芯必须经常吹,各连接皮带的松紧度要适当,轮胎气压不能过低,蹄片的间隙也要经常调整、不要带摩擦。

2. 汽车温度与节油

发动机的温度与油料的节约有直接关系,温度过高或过低都将导致油料消耗的增加。发动机工作水温应保持在 80—90 ℃之间。在低温条件下启动发动机时要进行预热,发动机预热升温,可以明显节约油料。

3. 车辆起步、加速与节油

车辆起步前的发动机的启动质量与油料消耗有直接关系,启动次数越多,空耗油料越多,因此提高启动质量是节约燃油的重要环节。车辆发动后的起步和加速对节油有一定的影响。汽车平稳起步和均匀加速,比急起步猛然加速要明显节油。为了在起步和提速上节约燃油,在车辆起步时应选择抵挡,平稳加油。不要乱踏油门,以免造成燃料空耗,离合器要配合得相当准确,油门控制适度,做到起步平稳自然,加速均匀,这样既可以节油,又可以减轻机件磨损。

4. 控制车速与节油

经济车速是汽车在直接挡或超速挡形式时,燃油消耗量最低的车速。汽车在相同的道路上行驶,车速不同,油耗也不同。因此,只有在某一车速行驶时,油耗最低。所以汽车在行驶中应当用直接挡或高速挡中速行驶,这样可以节省油耗。

5. 挡位的选择与节油

挡位的选择与换挡动作都对燃油的消耗影响很大,在起步时,应根据载重量和道路情况合理选用挡位。在行驶中,当感到动力不足时应及时减挡,而不应只用加大油门的方式解决动力不足,一味地踏油门,将加大油耗。换挡时要脚轻手快,动作准确。这样可以缩短换挡时车辆行驶的距离,达到节油的目的。

6. 正确滑行与节油

利用坡道滑行,即在坡度不大,安全有保证的条件下,可以利用下坡道做适当滑行,这样也可以节约油料。在行车中根据减速或停车的需要,准确目测距离,有预见地提前放松加速踏板,通过滑行到达减速或停车的目的。

总之,要做一个合格节油的驾驶员,在保持车辆状况良好的同时,也保持个人较好的心态,不带情绪驾驶车辆。在保证安全的前提下,控制好脚下的油门、车速。

如何正确驾车出行

1. 外出先熟悉地形,选择最合理的路线,既少走冤枉路,又省下了汽油钱。

2. 保持正常的胎压,一般轿车的轮胎正常气压值在 210 千帕左右,正常的胎压可以降低油耗 3.3%。

3. 加油的时候最好不要加太满,加到八分满就可以了。这样一方面可以减轻车辆载重,另一方面也能避免汽油的溢出。

4. 汽车行驶过程中,要注意看水温表,正常水温应保持在 80 ℃至 90 ℃之间,过高或不足都会使油耗增加;

5. 粉尘等杂质吸入空滤后可能引发堵塞,降低燃油效率。所以,车主每隔 1 月应定期清理空滤中的杂质,在风沙大的地区尤其重要。

6. 尽量高挡位行驶,手动变速器的车辆在车速稳定后应及时换高挡位。

7. 高速行驶时不开窗,夏天的时候,时速超过 80 千米,最好关窗开空调,这样既享受冷风,又避免了风阻。

8. 尽量采用经济时速,将时速控制在 80 千米,比时速 100 千米节省10％的油,油门踩到底比正常驾驶耗油 2—3 倍。

绿色驾驶技巧让出行更低碳

在汽车行驶的过程中,很小的一个细节可能就是一个节油的技巧,这些细节不但可以帮你节油,还可以减少对空气的污染,降低交通不安全因素。以下七个行车技巧,希望能对大家在这方面有所帮助。

技巧一：慢行热车减少损耗

通常情况下,很多车主会在冷车启动后,在原地停留怠速热车。但这样做超过 1 分钟,对发动机的损耗便会非常大。调研数据显示,这样做不仅增加了 2.7％的发动机故障风险,而且原地热车还会增加11.3％的二氧化碳排放,实属"损人不利己"的举动。而且,原地热车还会使排气管内的积水无法排出,导致排气管生锈,严重的甚至会被腐蚀穿孔。

绿色驾驶建议：不需要原地热车。在车辆刚刚启动时不要马上加速,慢行几分钟,让发动机逐渐热起来,然后再均匀加速行驶。

技巧二：停车超一分钟要熄火

堵车或等红灯的时候,绝大多数车主的做法都是挂入空挡,拉上手刹,然后静静等待。但试验得到的数据却证明,发动机在空挡情况下怠速运转 3 分钟消耗的燃油足够让汽车多行驶 1 千米。正因为如此,目前欧洲为了减少汽车尾气排放,停车立刻熄火已经被作为交通法规强制执行。

绿色驾驶建议：遇到等红绿灯停车时间超过 1 分钟,堵车怠速行驶 4分钟以上以及停车等人的情况,一定记住要熄火。即使只等 1 分钟,重新启动也比怠速更省油。

技巧三：开车时别打手机

调查结果表明：开车拨打手机，驾驶员会下意识将车速平均降低17％，同时错过路口的风险也会随之增加40％。如果把时间也算入环保范畴的话，打电话开车平均还会很不环保地浪费驾驶员7％的时间。另外，在大多数城市，开车打手机被交警逮住的话既要被罚款还要被扣分，其实很不划算。

绿色驾驶建议：上车时把手机调成静音状态，下车再接打电话。如果车内有蓝牙免提电话系统，也算是个比较方便的选择，但还是要尽量少用。

技巧四：时速超 60 千米别开窗

一直以来，所有汽车制造商都在竭尽全力地降低车辆风阻系数。但是，敞开的车窗绝对会让厂家所做的这些努力毁于一旦。试验表明，打开车窗，汽车的风阻将提高至少30％。一个形象的比喻："想象一下，车顶有面帆会是什么感觉？高速行驶打开车窗的效果基本和它类似。"

绿色驾驶建议：时速高于 60 千米或者风比较大的时候，尽量关窗行车。

技巧五：下车后要关闭电器

现如今，车上带的各种耗电设备越来越多，让大家倍感舒适方便之余，它们也在不知不觉间增加着人们的油费支出。试验结果标明，后挡风电加热器使用 10 个小时，整车油耗将增加 1 升。所以，不要认为车上用电不像家里一样插电卡就不花钱，事实上，车上的耗电要远比平日家里买电贵很多。

绿色驾驶建议：下车时记得关闭所有电器，包括收音机、空调、车窗加热系统等。否则下次启动汽车时，它们可能自动打开。

技巧六：胎压正常能省油 3％

汽车的轮胎就好比人们穿的鞋子。想象一下穿拖鞋跑步时的情形，不仅费力而且还可能把脚磨坏。轮胎气压不够时,也会出现同样的情况。数据表明,只要有一个轮胎少打气 40 kPa,这个轮胎就会减少 1 万千米的寿命,而且还会令汽车的总耗油量增加 3%。而经过测试符合厂家规定要求的胎压,大约可以降低油耗 3.3%。若轮胎气压降低 30%,当汽车以40 千米的时速行驶时,轿车的油耗会增加 5%—10%。

绿色驾驶建议:上车前习惯性地看一眼轮胎,如果感觉有点扁,就赶紧测一下胎压。另外,检查胎压时不要忘了备胎,免得需要换轮胎时才发现备胎胎压不足。

技巧七:缓加油能减少噪音

一次猛加油和缓加油,同样的速度,油耗相差可达 12 毫升,每千米会造成 0.4 克的多余二氧化碳排放。另外,由于急加速造成轮胎与地面的强烈摩擦而产生的噪声污染更是匀速驾驶时的 7—10 倍,还会使轮胎的磨损增加 70 倍,追尾风险增加 4.3 倍……另外,车上的乘客也可能会感觉到明显的不适。

链接:轮胎上的节油"点"在哪里

要控制好轮胎气压,轮胎气压过低、过高都不好。

胎压过低会使轮胎变形加大,胎肩早期磨损,行驶阻力增大,使油耗明显上升。

当轮胎气压比厂家规定的压力低 4.9 帕时,大约增加 2% 的燃油消耗。

胎压过高会增加胎面中心磨损,使乘坐舒适性降低、抓地力下降,易爆胎。

因此,定期到维修站查验一下胎压,将其调整合适很有必要。

拼车出行绿色环保

拼车,就是同住一个小区或者同在一个单位上班的人,或几个相识或不相识的邻居、陌生人,有同一目的地,或可以顺路,便可以搭车一起上下班或出行。这是一件双赢甚至多赢的好事。

选择拼车出行,既方便又节约,还能调节人际关系。

拼车出行有"四省"

"拼车"出行可以提高车辆空间的使用率,充分利用现有的道路资源,减少路面上的车辆数量,减少交通堵塞。可以减少尾气排放,对大气污染相应也能减少。在国际油价不断攀升的大背景下,降低出行成本。

自助拼车有以下四省——

省时:省却候车时间,减少公车兜圈时间,缩短路途行车时间。

省力:省了候车的气力,省了挤车的蛮力,省了上下车的费力。

省心:不用再算计最佳出门时间,不用再费心挤不上车,不用再担心上班迟到,不用再苦恼于出游坐啥车。

省钱:除上下班固定的时段接送外,平时或周末假期可以自驾游,车友之间还可以共享使用,省却临时出行的的士或长途费用,间接减少交通支出,节省时间成本。

什么是无水洗车

无水洗车又称汽车干洗,把各种清洁养护材料喷在车上,用湿巾擦拭,干巾抛光,车辆就洁净如新。针对汽车的不同部位、不同材料使用不同的产品进行清洁、保养。清洁养护材料中含有多种高分子漆面养护成分、增光乳液、巴西棕榈蜡等,能有效保护车漆、防静电、防紫外线、防雨水侵蚀、防车漆老化。

无水洗车源于新加坡。十几年前,新加坡政府为环保节水的需要,强制推行无水洗车,遂使无水洗车技术得以成熟和完善。

无水洗车与传统洗车有什么区别

与传统洗车相比,无水洗车的最大优势在于节水。用软管冲洗一辆小轿车耗水 200 升,用高压水枪冲洗要耗水 30 升,用自动循环水电脑洗车耗水 15 升,而无水洗车的用水量仅是高压水枪洗车的 1/20,与传统洗车方式相比节水 90% 以上。

第三节 世界各地低碳交通解决方案

伦敦:"低排放区"征污染税

英国伦敦市从 2008 年 2 月开始启动"低排放区"计划,驶入低排放区的重型车辆尾气排放量需要达到欧盟规定的标准,否则每天将征收 200 英镑的污染税,如果逾期不交,还要加罚 1 000 英镑。

欧盟计划在 8 个国家一共设立 70 个这样的"低排放区",其中伦敦是英国第一个"低排放区"。设立"低排放区"的目的是最大限度地降低交通污染,控制空气质量,确保市民的生活质量与健康。

上海:集约化交通显身手

目前,上海已拥有 11 条地铁线路,运营里程约 420 千米,车站数 282 座,运营车辆有望达到 2 500 辆。世博会期间约有一半世博游客通过地铁参观世博、游览上海。

试想每日 500 万人次以上的出行量,以汽车为主的地面交通方式解决,在人流密集、道路资源紧张的大城市,根本无法想象。而能源、环境、排放的压力则更为紧迫。地铁主要用电,为二次能源,而且没有排放污染,属于低碳交通。

法国、日本、德国:鼓励车辆低排量

法国近年来对每千米二氧化碳排放量低于 100 克的汽车给予 5 000 欧元奖金,对超过 160 克的汽车最高可征收 2 600 欧元的尾气排放超

标税。

日本实行 3 年期政策,对低排放车型实施全免、减免 75％和减免 50％不等的税收优惠。

德国从 2010 年 7 月起实施按发动机排量与尾气排放量征收汽车税的政策。

香港:低碳交通主要措施

香港特别行政区政府一直致力推行环境保护工作,秉承"清新供气约章"的信念,采取积极地错失来缓解运输系统所产生的空气污染问题。主要措施有——

1. 倡导公交出行;

2. 收紧对车辆废气的管制;

3. 使用新型燃料车辆取代柴油车辆;

4. 改善行人通行环境;

5. 利用现代通讯技术优化出行路径,使道路空间获得有效利用;

6. 节省公共服务的交通设施耗电量。

哥本哈根:骑车不花一分钱

哥本哈根市政府一直倡导"绿色交通"、"绿色建市"。早在 20 世纪 60 和 70 年代就已经形成局部自行车道路网。哥本哈根设有 1 300 辆的脚踏车供市民免费使用。只要在停车格投入 20 丹麦克朗的保证金就可以使用脚踏车,如果不想骑了,停放回任何一个停车格,为脚踏车上锁后就可以取回保证金。

这是一项非常成功的政策,据一项以 12 小时为区间的调查显示,一台公共脚踏车平均闲置的时间只有 8 分钟,可见其受欢迎之程度。

与此同时,哥本哈根有高达 40％的人骑脚踏车上班,人口约 50 万的哥本哈根市区拥有将近 300 千米的自行车专用道,而且这个数字还在不断增加。

美国:骑车可以拿补贴

美国参议院通过法案,用税收优惠鼓励雇主给骑车上班的雇员每月40 美元到 100 美元的补贴。近年来,在美国还积极推广"安全绿箱"计划,如波特兰政府从 2008 年起在 9 个繁忙路口,用绿色油漆画出了面积为 10 平方英尺的自行车专用停车位,该"安全绿箱"能有效避免自行车右转时同机动车的碰撞。

荷兰:骑车设施最周全

荷兰法律规定:道路设施不能截断主要自行车道,城市建设不能给自行车交通造成不便;各城市都要辟有专门与交通主干道隔离的自行车道,汽车被禁止驶入自行车道;自行车较机动车拥有绝对的道路使用优先权。

对于自行车专用道路的修建,交通部制定了统一标准:路面至少要宽1.75 米,双向自行车道的宽度至少为 2.75 米。国家自行车总体规划明确提出:5 千米以下的出行尽可能放弃机动车而改用自行车。

目前荷兰已经形成了总长 3 万多千米的自行车专用道路网,占荷兰全国道路总长度的 30.6%,居世界第一位。

据报道,荷兰公务员外出办事,70%的工作量是利用自行车和公共交通工具完成的。另外还有一系列鼓励政策,如公司员工购买新自行车,3 年可报销一次,金额为 749 欧元,骑车人平时在交纳税收时也有一定减免。

弗赖堡:1/4 出行靠公交

每个弗赖堡市民约 1/4 的出行是依靠公交,如果算上步行和自行车,他们有 3/4 的出行时间是低碳的。

一张到一小时路程以外的车票,售价 10 欧元,可以在两地中的任何一站下车,而且全天免费乘坐市内公交。从宾馆到火车站,有直达的公交;从公交站走下楼梯,直达月台;列车到达的时间精确到分,你只需提前

五分钟到达。总之,一次旅程下来,感觉便捷、舒适。

南非:新车征收二氧化碳排放税

南非政府从 2009 年开始,向购买私人车辆和轻型商用车辆的消费者征收二氧化碳排放税。根据经济合作发展组织的调查报告,南非工业化程度较高,并严重依赖煤炭,造成南非碳排放量在绝对数量和人均数量上均位于世界前列。在 2009 年 12 月举行的联合国气候变化首脑会议上,南非政府承诺,将有条件减少温室气体的排放,争取到 2025 年,温室气体排放量在现有基础上减少 42%。

兰州:绿色出行倡议

2010 年 8 月 26 日,兰州市人民政府向全体市民发出绿色出行倡议书,倡导市民绿色出行、低碳出行、健康出行、文明出行,为缓解城区交通压力、减少空气污染尽一份力量、献一份爱心。

为了畅通的交通,市政府发出四点倡议:一是倡议市民从我做起,从现在做起,积极参与"绿色出行,低碳环保"活动,合理选择出行方式,坚持每周少开一天车,多步行,多骑自行车,多乘公交车;二是根据需要选择最佳出行路线,提高办事效率,争取一次出门、全程办完;提倡拼车出行,除非必要,不单独驾车外出;三是人人遵守交通法,争做绿色出行的宣传者、文明交通的实践者,带领家人、朋友和更多的人参与绿色出行行动;四是倡导机动车礼让斑马线、按序排队行驶、有序停放等文明交通行为,尽力缓解交通拥堵。

链接:低碳出行小发明——暴走鞋

近日,国外达人新发明了一款名为"spnKiX"的遥控动力鞋,时速最高可达 16 千米,可以在短途旅行时取代车辆作为代步工具。它可能成为时尚玩家和环保人士的新宠。

这款电动鞋的外壳是由纤维增强尼龙材料制成，外形类似普通的单排轮滑鞋，内置锂电池，用户可通过一个无线装置来控制行驶速度。不过，电池容量不大，可以维持2到3小时的正常行驶，需充电2小时左右。spnKiX的整个硬件和电池装置都集成内置在鞋的外壳当中。据称，这款鞋子像溜冰鞋一样容易操控，然而要操纵好也需要一定难度和技巧，比如转弯和避开障碍物。此外，遇到下小雨和小水坑都不是问题，但不能在深水中行驶。

"暴走鞋"小档案

名字：spnKiX遥控动力鞋

用途：短途旅行时取代车辆作为代步工具

发明人：彼得·崔德瑞

速度：最快每小时16千米

外形：纤维增强尼龙材料外壳

配置：内置锂电池（2—3小时续航时间）、无线控制器

注意事项：不能在深水中行驶

chapter 8 >>

第八章
低碳·办公篇

什么是低碳办公

从广义上说,低碳办公包含的内容相当广泛,如办公环境的清洁、办公产品是否安全、办公人员的健康、员工的身体健康等等都成为低碳办公的重要内容。不过从狭义上来说,低碳办公是指在办公活动中使用节约资源、减少污染物产生、排放,可回收利用的产品等。

低碳办公是节能减排全民行动的重要组成部分,它主张从身边的小事做起,珍惜每一度电、每一滴水、每一张纸、每一升油、每一件办公用品。

调查发现,如果有 10 万用户在每天工作结束时关闭电脑,就能节省高达 2 680 千瓦时的电,减少 3 500 磅的二氧化碳排放量,这相当于每月减少 2 100 多辆汽车上路。一项来自 IBM 的评估则表明,该公司全球范围仅因鼓励员工在不需要时关闭设备和照明,一年就将节省 1 780 万美元,相当于减少了 5 万辆汽车行驶的排放量。

■ 第一节　低碳办公准则

1. 办公用纸请确保双面使用,因为多使用一面,就相当于少砍了 50% 本应该被砍伐的树木,而你则是保护者。

2. 尽量少使用复印机、打印机等,因为它们不仅会消耗大量的耗材,这些耗材还会释放出污染空气和对身体有害的气体,危害你的健康,同时还可以减少电力成本。

3. 尽量少用电梯,全国电梯年耗电量约 300 亿度,通过较低楼层改走楼梯、多台电梯在休息时间只部分开启等行动,大约可减少 10% 的电梯用电。这样一来,每台电梯每年可节电 5 000 度,相应减排二氧化碳 4.8 吨。全国 60 万台左右的电梯采取此类措施每年可节电 30 亿度,相当于减排二氧化碳 288 万吨。

4. 传真和邮件请尽量在网络上完成,同样的道理,可以减少纸张使用,还可以让你提高工作效率。

5. 下班或者需要离开的时候请顺手关掉你的显示器电源,因为你的电脑在工作时是会"呼吸"的,关掉它可以省电,还可以减少二氧化碳产生量。

6. 多使用 MSN、QQ 等各种即时通讯工具,电脑和网络本来用来沟通的,大多数时候我们的沟通都可以不必在纸上体现出来。

7. 办公室内种植一些净化空气的植物,如吊兰、非洲菊、无花观赏桦等,主要可吸收甲醛,也能分解复印机、打印机排放出的苯,并能咽下尼古丁。

8. 对于收集到的传单纸张请分类管理,如果不用请卖掉,尽管卖掉它们并不能为你的公司赚取多少钱,但是你帮助它们进入了再循环。

9. 购买办公用品请考虑环保因素,这样不仅是为公司降低长期成本,更重要的是你将为自己创造一个绿色环境。

10. 办公室里的空调请确保在夏天不要低于 26 ℃,冬天不要高于 20 ℃,否则将大幅增加能源损耗,而且对你的舒适度也并没有多大帮助。

11. 办公室的空调和制冷设备请定期清理,你会发现,这样做之后空

调制冷、省电性能和房间空气都改进了,而你除了繁琐基本也不消耗什么。

12. 除非必要,尽量不要浪费一次性纸杯等用品,特别当你是本公司人员的时候,这样不仅环保,也更为卫生。

13. 利用太阳能最简单的方式是什么？就是把工作放在白天做。也许有时候你身不由己,但是在没有必要的时候,请尽量在白天完成你的工作。

14. 未必红木就让你的办公室显得尊贵无比,也许竹子可以让你的办公室显得多了一份儒雅和淡定。

15. 不要以为是公司的水就可以开到最大去洗手,因为手是不是干净跟水的流量没有直接联系。

16. 大多数时候,你与客户的会晤并不一定要专车专送。

17. 低碳办公包含你的身心健康,所以请尽量简化你的办公流程,这样也可以让你获得老板更多的青睐。

18. 电话会议也许方便,可是比不上"面对面"的视频对话来得更为到位,还能节省下一大笔的通讯费用。

19. 办公室的静音环境很重要,没有人喜欢在嘈杂的环境内工作,接电话时控制音量,手机保持振动,讨论事情时心平气和,选择低噪办公用具,都是必不可少的。

上面说的只是十分之一,如何低碳办公,需要依靠你我的智慧和努力,所以余下的条目,让我们一起来补足。

低碳的公司这样做

1. 下班时关闭电脑主机、显示器、打印机、饮水机、复印机、投影仪、私人加湿器等设备电源,并拔掉插头。张贴节水节电小贴士进行提醒,养成员工节电习惯。

2. 对大型工程设备,如空调系统、新风系统、供水系统、消防系统、电梯系统;照明设备,如停车场照明、办公区照明、公共区照明、泛光照明;其他设备,如文印设备、餐饮设备、服务器 PC 等采取统一的节能措施,落实责任人和巡查机制。

3. 针对纸能耗较大的打印机文件,采取打印默认双面、设置单面打印废纸回收盒。

4. 提倡纸张再利用于草稿及发票粘贴、推广无纸化办公等措施,以节约办公纸张消耗。

5. 针对使用率极高的会议室,取消一次性纸杯供应,鼓励员工自带茶杯。

6. 推广办公自动化软硬件,推动跨区域电话会议、视频会议及网络在线沟通,使多部门、跨区域的长期合作成为可能,降低差旅成本,缩短差旅飞行距离,促进节能减排。

7. 在各楼层设置废旧电池等污染物的回收点及办公垃圾集中收集点,促进员工养成垃圾分类好习惯。

8. 结合数字签名等电子加密技术,可使用电子公文代替纸质文件,实现无纸办公。使用电脑的网络传真功能收发传真,节省传真纸。尽量使用邮件或手机短信传送和交换企业及个人信息,少用纸质名片。

9. 购买节能电脑。在能够满足工作要求的前提下,多用笔记本电脑代替台式电脑。笔记本电脑的耗能仅为台式电脑的 30% 至 50%,电磁辐射也比台式电脑低很多,而且节省空间。

10. 复印机应放置在方便员工使用且气流通畅的地方,防止噪声和空气污染。

11. 及时维修产生噪声的空调或通风设备。

12. 购买可更换笔芯的书写笔时,要顺便买上几支备用笔芯。少用

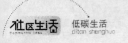
木杆铅笔,多用纸杆铅笔。

13. 多使用回形针、鱼尾夹,少用胶水、修正液等含苯溶剂产品。

14. 文件袋、档案袋、快递袋等尽量重复使用。

15. 在满足工作要求的前提下,打印文件尽量使用小字号字体,并采用传阅形式,减少打印或复印用纸。

16. 白天尽量采用自然光照明,如遇阴天、下雾等自然光线较暗的情况再开灯。办公室灯具尽量选用 LED 灯或节能灯。

17. 提倡员工白天提高工作效率,减少晚上加班,节省照明、空调用电。

18. 提倡员工尽量不坐电梯,尤其上下班高峰时,年轻人与其等电梯,还不如爬楼梯。

19. 在办公室里种植几株绿色植物,既实现了办公室的绿化美化,又能舒缓视觉疲劳,还可以吸收白天办公产生的二氧化碳,一举多得。

远程办公低碳首选

除了选择低碳办公设备,减少文件复印打印以外,有效的利用远程视频会议平台,可降低 30％的二氧化碳的排放量。

1. 召开远程会议:无论是董事会议或是全国销售会议,没必要所有人都要长途差旅。运用网络视频会议系统,在降低企业运营成本的同时,还可以降低二氧化碳的排放量。

2. 远程培训:对于人力资源部门来说,采用远程培训的方式对各地分支机构员工进行培训,无疑是最快速、最有效的方法,同时,还可以利用 Online 线上学习平台,采用录制的标准课件,进一步提升学习效率。

3. 远程客户服务:通过远程客户服务平台,销售人员和工程师就可以在公司为远在千里之外的客户在线解决问题,可远程控制用户桌面,并查找、修复发现的问题维护系统安全等,从而减少从旅游对环境的负面影响。

4. 远程办公:可以安排部分员工定期在家工作,在降低企业运营成本的同时还可以提高生产力和员工士气,节省了每天在路上几小时的交通堵塞。

5. 项目协同工作:项目组的成员能进行远程协作,使地理上分开的工作组以更高的效率和灵活性,用电子方式组织起来。许多大公司与其分公司间通过视讯平台,利用桌面视讯会议,实现整个公司的办公自动化,相关人员可以在屏幕上共同修改文本、图表,进行资源共享。

6. 网上发布会:举办在线的产品发布会或渠道会议,企业客户、合作伙伴通过视讯平台远程参与,相对比传统的发布会将大大节约邀请嘉宾参会的差旅费和招待费。

7. 远程商务洽谈:视讯业务最普遍最广泛的应用,适用于大型集团公司、外商独资企业等在商务活动猛增的情况下,逐步利用视讯会议方式组织部分商务谈判、业务管理和商务谈判。

8. 团队建设:多个办事处意味着各自孤立,同事之间经常使用远程视频会议彼此见面沟通,就好像在同一间办公室,有助于提高团队的协作。

9. 人力资源招聘:通过视频面对面的初步筛选合适的候选人,对企业和应聘者来说都极大地提高了工作效率,视频面试比电话面试更加真实可靠,并且企业还拓宽了招聘渠道,可以获取更多的异地人才。

第二节　低碳办公小窍门

窍门1:下班前20分钟关闭空调

您注意过吗,在我们每天工作的办公室里,有的设备每天只使用几个小时却保持了8小时甚至24小时连续运行,例如日光灯就是这样。留心

一下其实不难发现,在一天当中的许多时候办公室光线是非常充足的,完全没有必要把办公室的灯全部打开。

此外,在炎炎夏日,一些办公室的空调通常会长时间开着,我们可以在下班前20分钟关闭空调。因为,空调关闭后,冷气还能保持一段时间,这样既不影响大家的工作,还能节约电能,一举两得。

窍门2:为办公电脑设置合理的电源使用方案

在短暂休息期间,自动关闭显示器;如果一段时间不用,电脑自动启动"待机"模式;较长时间不用,便启用电脑的"休眠"模式。这样做,每台电脑每天可至少节约1度电,并且还能延长电脑和显示器的寿命。

专家介绍,从节电的角度来说,电脑最好是不设置屏幕保护。如果要设定的话,则应该越简单越好,因为运行庞大复杂的屏保程序可能会比你正常运行电脑时更加耗电。我们可以把屏幕保护设为"无",然后在电源使用方案里面设置一个关闭显示器的时间。

窍门3:节能模式让打印机省墨又节电

在打印非正式文稿时,可以将标准打印模式改为省墨模式。具体做法是:在执行打印任务前,先打开打印机的"属性"对话框,单击"质量"选项,在"详细说明"一栏选择"节省墨粉",这样打印机就会以省墨模式打印。这种方法非常节约墨粉,至少节约30%以上,而且还提高了打印的速度,电能消耗也非常小,打印质量对于一般校对或是传阅文稿是完全够用的。

低碳办公我们需要这样做

减少垃圾

采购办公室用品时,选择耐用品,而不是那些便宜的用几次就坏的商品。购买家具、电子产品时尤其要注意;按需订购,最好不要剩余。

尽量购买大包装的办公用品,减少购买小包装的同类商品。

购买能够重复使用的商品,比如,使用可重复利用的水杯和碟子,而不是购买很多瓶装水或一次性水杯。鼓励员工自带餐盒和水杯。

不要随便打印电子邮件,就让它以电子的形式存在吧;如果必须打印,可以删掉邮件签名和长长的邮件链条,也就是之前反复回复和转发的邮件,只打印需要的内容。

如果确实需要打印文件供多人阅读或签字,可以打印一份,然后附上一个签字表格,每人传阅后签字,而非每人打一份。

考虑是否需要定期更新个人物品,比如手机、汽车,如果还能使用,就不要买新的。

鼓励员工出差时自带洗漱用品,自己的沐浴液、洗发水往往比酒店的要好用。

组织会议活动时,要求酒店不要使用塑料瓶矿泉水,而使用水杯,让服务员加水。如果不得不使用塑料瓶水,考虑使用本地生产的产品。

重复使用

把不想要的办公用品转卖给旧货商店,或赠送给社区、学校、慈善机构,而不是当成废品扔掉。

重复使用包装材料,例如,玻璃容器可用来插花,美化办公室环境。

在公司内部重复使用信封,用过的信封可以用来装发票、便签等;将废纸用作草稿纸。

尽可能采用双面打印。还可以在打印机旁定制一个纸盒专门放单面打印浪费了的纸。

回收利用

回收是指用旧的东西制作新的东西,例如,用旧杂志的纸印报纸。虽然回收再利用也需要消耗能源和水,但比新制作消耗的少。回收再利用还能减少对原材料的消耗。因此,在购物时请选择用可回收包装材料包

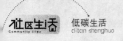
装的商品。

收集并分类废弃物。将可回收的部分出售给回收者,再由这些人员出售给垃圾回收站。或者直接出售给垃圾回收站,从而达到回收再利用。

购买可回收的商品

回收并非停留在将垃圾分类上。重要的一点是,通过购买可回收的物品,使购买—回收—再利用这个回收再利用的链条运转起来。在购物相同产品时,我们应该选择可回收的产品。如在制作名片、宣传册或公司礼品时,考虑使用环保纸或回收纸制作的产品或包装。

办公室节能妙法

打印机

使用经济打印模式。喷墨打印机如果有"经济打印模式"功能,请尽量使用,可节约至少30%的墨水,并能大幅度提高打印速度。

选择实用的打印模式。根据具体需要自行设置较为适当的打印模式,既能保证打印质量符合打印的实际要求,又能充分降低墨水的耗费。

巧妙设置页面排版。打印文件内容尽量集中到一个页面上,合理使用页面排版,然后再结合经济模式,墨水就省得更多。

尽量集中打印。打印机每启动一次,都要进行初始化、清洗打印头并对墨水输送系统充墨,这个过程会对墨水造成浪费,所以如果能够将需打印的东西集中到一起进行打印,既保养了机器,又能节约墨水。

正确选用兼容墨水。如果墨水用完了,将兼容墨水填充到原装墨盒里,而不要换掉墨盒,这样就能避免非原装墨盒对机器存在的潜在损坏风险。

办公用纸

打印前想一想,是否真的需要打印,如果确实需要打印,请使用正反面打印。这是一个非常简单的方法,可以减少一半的纸张消耗。

公文用纸、名片、文宣品及其他用纸尽量采用双面印刷,并印刷适量。

在打印机旁备一个废纸储存箱,可以重复利用的打印纸必须重复利用,不能再利用的各种废纸一定要交给回收商,不管钱多少,节约最重要。

尽量使用电子文件、电子书刊,减少纸的用量。

用过的牛皮纸袋尽量反复使用。

打印电子邮件时考虑是否真的需要打印出来。打印前可将邮件签名以及不需要打印的之前往来的历史邮件删掉后再打印。

照明

用节能型灯泡代替常用的白炽灯。

减少照明用电使用量。

每次长时间离开房间时记得关灯,在白天及时调整窗帘和百叶窗,尽可能多地采用自然光照明。

电器插座

如果有可能的话换上节能的智能电源插座,它能在电脑开机或者关机的时候减少不必要的耗电。让多个电器使用一个插座,在夜间可以关闭这个插座,让其与电源断开,这样可以减少电器在不使用时,由于插电而消耗的间接用电量。

链接:废纸做成的环保垃圾桶

每天世界上都会产生不计其数的废纸,尤其在是在公司、学校等一些需要大量用纸的地方,这些地方每天的垃圾桶里面都会塞满废纸,而废纸的回收是件麻烦的事情,需要耗费大量的人力物力。设计师 Qianqian Tao 设计了一款酷似电脑主机的家伙——环保废纸收集机,这是专为收集废纸而设计的,它可以将废纸处理、压缩后生产出新的废纸制造的环保垃圾桶,让废纸在第一时间得到循环利用。

链接：办公低碳账本

普通台式电脑一小时耗电 0.3 度左右

一年工作日中电脑耗电量 = 0.3 度×8 小时×250 天 = 600 度

以调低屏幕亮度节能 5% 来计算，每年每台电脑可节电 600 千瓦×5% = 30 度

家居用电的二氧化碳排放量 = 耗电量×0.785 调低电脑亮度减少的二氧化碳排放 = 30 度×0.785 = 23.55 千克

女性白领书桌收纳攻略

对于都市女白领来说，每天有整整 8 个小时的时间在办公室里度过。仅仅把自己收拾得漂漂亮亮怎么够，真正优雅的你，还应该将办公桌收拾得妥妥帖帖。

为你送上 7 个工作区的收纳技巧，来利用收纳盒、收纳袋等个性的收纳用品为你还原一个整洁的书桌。

1. 把所有的收据都塞进一个固定的文件夹里，并像整理档案一般用标签区分不同类别，比如医疗、交通、工作、旅游、杂类等，整齐的码在一起后，这样查找起来则会更加方便。

2. 接线板上满满全是插头，却总是分不清哪个插头连的是哪个设备，真是让人头痛。用废旧纸箱设计制作一个电线分离器，用固定的卡座分类标记出相应的设备名称，放置在工作台面上，忙中也不会再出错。

3. 小空间里的墙面可是收纳的一块宝地，同时也能成为很好的展示空间。利用一块铁皮托盘制作成带有磁性的看板，就可以收容一些留言条或是漂亮的明信片了。把出行的火车票、旅行带回来的风景照通通晒出来，让岁月的记忆更为清楚。

4. 取下旧家具或是旧家电上的粗弹簧，别看它破烂的样子好像没了用处,弹簧中间的螺旋纹正好能拿来收纳一些小件的札记本和便签本,一档档的分类归纳很清楚。

5. 事情一多,没了头绪,就像乱线团一样变得手忙脚乱。别慌,用小木夹为自己制作一个日程提醒备忘录吧。把每日的活动安排依序排好,用标有星期的木夹子通通挂上墙,一目了然。

6. 干净的书桌也是需定期清理和更新才能得到,用两个小铁桶进行分类,在日常的生活工作中把遇到的没用的旧文件扔掉,以时刻节省空间,做到环境的整洁。

7. 不用再将装有办公用具的收纳盒等放置在地面或是墙根处,将它们尽可能地上移再上移,占尽你的身高优势,以伸手可及的高度最适宜。

chapter 9 >>

第九章
低碳·方式篇

■ 第一节　低碳婚礼

什么是低碳婚礼

以低能耗、低污染、低排放为基础的低碳生活方式，在婚礼中得以体现，将低碳以行为的方式，融入婚礼的方方面面。

婚纱如何唯美且环保

采用低碳环保的有机棉与真丝制作的婚纱，不仅穿着舒适，更贴近自然。蕾丝部分的设计选用棉质蕾丝，天然环保没有污染。此外，秉承做工考究、精致的婚纱设计理念，一件婚纱保存到自己的女儿结婚时还可以穿着，既把上一辈的幸福传递下去，又避免了浪费。

五大环节打造低碳婚礼

支招1：骑车、步行取代婚车

将豪华的婚礼车队改为新人骑自行车去酒店，如果距离酒店近，新人也可以选择步行。新郎、新娘身穿礼服在大街上骑车或步行，不失为一道亮丽的风景，周围群众的"注目礼"也是给新人们的一个意外祝福。

支招2：鲜花布景改成盆栽

婚礼现场奢华的鲜花布景是一笔不小的开支，但婚礼结束后,鲜花便没了"用武之地",造成浪费。如果改用盆栽装饰会场,婚礼结束后还可以送给现场来宾作为"小礼物",肯定会受到宾客的欢迎。

支招3:DIY花筒装饰椅背

椅背装饰可以自制。比如,用牛皮纸卷成锥形圆筒,配以小朵鲜花,将其装饰在来宾椅背上,婚礼结束后来宾可以带走,鲜花风干后还可以装饰房间。

支招4:喜帖换成电子请柬

喜帖也是婚礼必不可少的环节。在婚礼上可以使用信用卡大小的牛皮纸喜帖,印有花朵图案,正面是请柬内容,背面是全年的小日历,贴近自然又很环保。此外,新人可以自己设计制作一份精美的电子请柬,发给年轻来宾。

支招5:自备水果现场榨汁

以往婚礼上,宾客大部分都喝碳酸饮料,如果在婚礼现场自备榨汁机,准备好各种水果,以鲜榨果汁取代传统的瓶装饮料和酒精饮品,都可以起到低碳环保的作用。

十个细节助阵低碳婚礼

1. 电子请柬

利用电子邮件、电子贺卡、QQ、MSN、短信等方式把自己的婚庆时间、地点等信息告知亲友,网上有漂亮的请柬模板可供下载,只要再稍加心思加工一下就可以了。

2. 环保婚纱

指放弃传统的纱质纤维合成材质,而采用天然的棉麻、丝绸等材料制作的婚纱,现在甚至有人发明了一次性的环保婚纱,使用后可在水中溶解,对环境丝毫无害。

3. 电子鞭炮

可在婚礼上反复"燃放",声音和闪光度都和传统鞭炮非常相似的一种

电子产品。不同的是,电子鞭炮环保、安全、无火药,还大大节省了开支。

4. 户外仪式

选择有机农庄、度假村的户外举行婚礼,免去室内照明设施和空调使用的能源耗费与污染。

5. 浪漫花车

用自行车、马车替代庞大的婚礼车队,不仅浪漫到极致,还最大限度地杜绝了尾气排放,保护环境。

6. 自助冷餐

现场不开火,所有主食用料基本都选用天然有机食材。食物数量按需所供,并尽量减少一次性餐具的使用。

7. 蜜月旅行

环保新人在选择蜜月目的地时,可尽量挑选以环保著称的城市,蜜月期的生活也要减少对自然资源的消耗。

8. 糖果花

起源于美国,它是利用各种可口的糖果和色彩斑斓的糖纸,融合在其他材质的艺术花中编扎而成的各类返璞归真的花束。现在越来越多的人将它用在婚礼仪式中,将桌花与喜糖合二为一。

9. 香袋桌卡

原本摆在桌上的普通纸张座位卡,只印有这次婚宴的简单的号码和名称,用完后随之被遗弃。如果将普通的纸片折成香袋,放入清香的干花,避免了纸张浪费,使用后还可被宾客收藏。

10. 环保回礼礼品

传统的回礼礼品既没有新意又很可能造成浪费,如果采用环保材料制作的小礼品就不一样了,可以用全棉、原生、未经过任何染色处理的帆布环保购物袋,印上新郎新娘小小的 LOGO 或者照片,赠与参加婚礼的宾客,是不是既环保实用又有意义呢?

测试你婚礼的低碳指数

1. 你和他/她的婚纱照在什么场地中拍摄?

A. 外景、影棚　B. 有特殊意义的自选地点

2. 拍婚纱照时穿何种服装?

A. 定制、购买的礼服　B. 自备服装

3. 举办婚礼仪式的场地为何种类型?

A. 室内　B. 天然场地

4. 如何将婚礼仪式告知亲友的?

A. 纸质请柬,快递方式　B. 发送电子请柬

5. 婚礼中的礼服使用什么材质制作?

A. 传统面料　B. 低碳面料,如棉、麻

6. 接亲时使用什么交通工具?

A. 机动车　B. 自行车、三轮车、马车

7. 仪式中放传统鞭炮了吗?

A. 是　B. 否

8. 桌花选用的是哪种?

A. 传统花束　B. 糖果花

9. 宾客座位卡为何种类型?

A. 普通纸张座位卡　B. 可被收藏的香袋桌卡

10. 回礼礼品为何种类型?

A. 传统小礼品　B. 环保购物袋等自制环保礼品

测试结果:

选择 B 选项的个数为 1—3 个:你是入门级低碳婚礼达人,精神可嘉,还要再接再厉;

选择 B 选项的个数为 4—6 个：你是资深级低碳婚礼达人，全方位贯彻低碳生活，多多用心；

选择 B 选项的个数为 7—10 个：你是骨灰级低碳婚礼达人，新时代的环保卫士就是你了！

明星的低碳婚礼

婚纱照

榜样明星：夏雨 & 袁泉

婚照拍摄地：中央戏剧学院

低碳关键词：天然场地、白色便服

2009 年 8 月 28 日，这对低调情侣在相恋 10 年后传出了婚讯，随后两人的一组拍摄于母校的甜蜜照片曝光。照片中，夏雨和袁泉均身着白衣，朴素淡雅，宛如回到了学生时代。

仪　式

榜样明星：吴彦祖 & Lisa S

婚照拍摄地：南非某森林中

低碳关键词：当地风俗花车、朴素礼服、自制环保袋

2010 年 4 月 6 日，吴彦祖与相恋 8 年的女友 Lisa S 在南非某森林中举办了一场天然婚礼。两人在当年定情的爱巢附近找了一个森林，邀请了当地土著主持仪式，在几位亲友的簇拥下在森林空地上下跪交换戒指，之后土著主持人将蓝色被子盖在两人身上祝福他们。不止婚礼仪式简单，两人的礼服也都极尽简朴，据说吴彦祖所穿的西装只用 4 天就定做完成。

值得一提的是，参加婚礼的亲友们收到的礼物是吴彦祖亲手做的纪念布袋，据称，这批布袋由吴彦祖连续赶工 15 小时用丝网印图的方法加工，图案就是他们在南非的"牛粪爱巢"。

榜样明星:梅根·福克斯 & 布莱恩·奥斯汀·格林

婚照拍摄地:夏威夷海滩

低碳关键词:赤脚、唯一证婚人

2010 年 6 月 24 日,梅根·福克斯和布莱恩·奥斯汀·格林在夏威夷海滩秘密完婚。两人的婚礼并没有邀请任何嘉宾,仅仅是在一位神父和布莱恩·奥斯汀·格林 8 岁儿子的见证下,完成了这一终身大事。

链接:节日也低碳

1. 用电子贺卡代替纸贺卡。既增进了朋友之间的友情,又减少了纸张的使用,符合环保节能的潮流。

2. 尽量不放鞭炮。每年春节期间,因燃放烟花爆竹导致空气中的二氧化硫和氮氧化物的含量超标十几倍甚至几十倍,比化工厂的排放还要大,少放鞭炮就是减少对大气的污染,而表达节日喜庆的方式还有很多。

3. 送礼不选豪华包装。过度包装耗费大量的原材料,是一种极度的浪费,不仅是节日送礼,平时我们购物时也应避免购买过度包装的物品。

4. 清明祭扫要现代。清明祭扫表达了对先人的哀思,是中华民族的传统,但是焚化纸钱等方式却会进一步加重大气污染,我们可以通过网上祭奠,或在墓前种植一棵小树等环保方式来表达哀思之情。

■ 第二节　低碳旅游

什么是低碳旅游

低碳旅游是一种降低"碳排放"的旅游,也就是在旅游活动中,旅游者

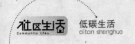
尽量降低二氧化碳排放量,即以低能耗、低污染为基础的绿色旅行,倡导在旅行中尽量减少碳足迹与二氧化碳的排放,也是环保旅游的深层次表现。其中包含了政府与旅行机构推出的相关环保低碳政策与低碳旅游线路、个人出行中携带环保行李、住环保旅馆、选择二氧化碳排放较低的交通工具,甚至是自行车、徒步等方面。

旅游减碳五要素

行:提倡步行和骑自行车。能坐火车的不坐飞机,能跟团不自驾。必须乘飞机,就选择正确合理的航空线,最大限度减少行李。实在要自驾,最好拼满一车人,实现能效最大化。

食:不用一次性餐具,自备水具,不喝瓶装水。尽量食用本地应季蔬果,最好做个素食者。

宿:住酒店不用每天更换床单被罩,不使用酒店的一次性用品。

购:尝试以货易货。尽量选用本地产品、季节产品及包装简单的产品。

游:合理安排路线,途中回收废弃物,做好生活垃圾分类。尽量不在景区留下自己的痕迹。

低碳旅游小建议

选择交通工具的顺序:徒步＞自行车＞电动车＞火车(含地铁)＞轮船＞小汽车＞飞机。

行程安排:优先安排选用环保酒店、低碳景区、节能设施、不使用一次性用品的线路。尽量避免损害环境、减少碳排放及污染的线路。

低碳旅游有哪些方式

1. 自行车

自行车旅行,只流汗,不费油。在德国、荷兰、法国、芬兰等许多国家,自行车旅行已经非常深入人心。这些国家不仅设有专门的自行车道路,还有许多自行车租赁站。比如,芬兰还制作了特别的《自行车旅游指南》,

推荐各种入门级游客的自行车线路。

2. 徒步

如果你前往瑞士，就会被徒步这项运动深深吸引。在瑞士，共有68 000千米的徒步旅行路线，著名的徒步旅行线路"阿尔卑斯之路"仿佛行走在画间。据说，徒步是对环境影响最小的旅行方式。

3. 露营

不管是搭帐篷，还是驾房车，野外露营比起住酒店、旅馆来说都是既经济又环保的选择。在澳洲，房车家庭露营旅行非常流行，到了周末，全家人就把家搬到户外去，亲近大自然。

4. 极地旅行

去极地旅行往往是因为面对"那即将在人类的肆意消费威胁下消失的美景"，人类更能深刻体会到环境保护对这个星球的意义。

链接：瑞士：全民爱徒步

徒步旅行在瑞士是一项"全民运动"，瑞士在境内规划了总长达68 000千米的徒步旅行路线，其中有60%是山路，并且有详细的地图作为参考。在瑞士徒步可以欣赏山色湖泊辉映的美丽风景。

著名的徒步旅行线路包括：

"阿尔卑斯之路"。穿过瑞士石松森林和阿尔卑斯牧场直到Zmutt村，全程徒步时间2—4小时。

"瀑布之路"。经过伯尔尼高地上的少女峰山区和因特拉肯双子湖区的山谷，途中可见瀑布72条，时间2—4小时；

山间花径。从特吕布湖到Gerschnialp，徒步穿越铁力士山，山上有许多美丽山花开放，并有各种山花的详细介绍，全程1小时就可以完成。

五招教你如何低碳旅行

改变奢华享受的旅行观念

如何低碳旅行？首先需要改变奢华享受的旅行观念，拒绝私人飞机、游艇、独栋度假别墅、奢华酒店与豪车接送，这些在给感官带来极度舒适的背后却是以高污染高排放为代价的。因此扭转奢华之风，强调简单舒适，应从意识形态上做改变。

周详的旅行计划省钱又减排

在出行之前做一个周详的旅行计划，预订一个距离你的目标景点比较近的旅馆，或者干脆选择一个公共交通发达的地区作为旅游目的地。这些不光可以节省你的资金，同时也更加环保。

旅行时间方面避开热点或过度开发的目的地，以及旅游旺季和公共假期；旺季旅游会增加对环境的负担而且大概会花费双倍于平时的费用。如果是参加旅行社路线的，尽量多考虑参加那些旅行社推出的环保路线。

住酒店不用每天更换床单被罩

选择目的地住宿时多考虑小规模酒店或青年旅馆，虽然只是仅提供最基本的设施，但意味着能够消耗更少的能源。而在星级酒店中住宿一夜毫无疑问会产生大量碳排放，像洗浴用品、每天的床单换洗与房间的清洁都会造成污染的，此时不妨使用一些减排的小窍门：例如集中使用一条毛巾或者浴巾，洗浴用品自带；如果连续住宿几天，还可以要求不用每天更换床单被罩等，离开的时候关掉灯和空调等电器。

出游少带行李多步行

其实要为低碳旅游出把力，只要平时多加注意，从力所能及的小事做起便可，比如到达目的地旅行时尽量选择步行或是租借自行车观赏景点，少使用出租车。周末去郊外旅行，不妨在汽车后备箱里放上一辆折叠自行车，开车至郊外，改骑自行车，去体验野外的自然风光，在感受大自然的同时，切实为低碳作贡献。

自助游或参加旅行团，出行前一定要精简行李，行李少了，无疑在路上会更加方便，也能减少对环境的负面影响。可以选择最新的太阳能背包，携带轻便、保暖、吸汗的服装，最好是100％全棉或全羊毛质地的布料。带一个可以重复使用和清洗的帆布购物袋以及一套简易餐具。

多参加环保社团组织的旅行活动

除此之外，如果你还愿意为低碳旅游做些什么的话，不妨加入到国内外环保组织开办的丰富多彩的活动中去，这样的行程不仅仅是个旅行，它往往包括3方面的内容：服务、学习和回家之后的继续参与。

安排自己的低碳旅游，最好能够提前做些准备。首先就是找到支持环保事业并且符合你兴趣的机构和项目。transitionsabroad. com 提供了世界上最全面完整的志愿者机构和相关旅行的相关信息。通过这样的活动，你将有机会深入了解当地的自然和人文，而这一切往往是通过普通的旅游度假难以完成的。你所参与的对于很多旅游者来说可能是他们一生的旅游梦想。

总之，没有什么事是不可能的，关键在于你是否有决心有毅力去实现，就如同那些驾着帆船周游世界的勇者一样。曾经一对英国情侣便用实际行动证明了离开飞机照样可以游历全球，他们用了约297天的时间，途经18个国家和地区，其间没有乘坐一次飞机，选择火车、汽车、轮船等碳排放相对较低的交通方式完成了7万多千米的旅行。两人这次环球旅行共产生不到3 000千克二氧化碳排放，如果乘坐飞机旅游会多排放6倍。这说明了即便不产生巨大的碳足迹，同样能看遍世间美景。

给低碳旅游支招

1. 多选择公共交通工具

对旅游者而言，在一次旅游过程中，造成二氧化碳排放最多的环节是

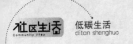
交通。过去10年全球二氧化碳排放总量增加了13%,而源自交通工具的碳排放增长率竟达25%。这些交通工具的碳排放量不容忽视:乘私家车,人均每一百千米排碳约29.7千克(中等油耗私家车);乘飞机,人均每一百千米排碳约13千克;乘火车人均每一百公里排碳约1.1千克。

支招:合理安排你的旅行线路,尽量采用最短的行程距离和最环保的交通方式。要多用公共交通工具出行,不要驾驶大排量汽车远距离出游,到目的地后要多徒步、骑车、乘巴士。

2. 保护自然环境

30千克废纸=57千克碳;30千克废钢铁=51千克碳;30千克废塑料=122千克碳;30千克废玻璃=9千克碳;30千克废食物=9千克碳……做好废物再利用,在扔垃圾时,自觉做好垃圾分类也是低碳的行为。

支招:保护自然环境,不要破坏一草一木;做好垃圾分类,尽量不在景区留下自己的痕迹。

3. 购买简易包装的礼品

一吨废纸可生产品质良好的再生纸850千克,节省木材3立方米(相当于12棵成年大树),节省化工原料300千克、节煤1.2吨、节电600度,并可减少大量废弃物。每年用于包装的用纸量也是惊人的,而选择不要包装或是简易包装的方式,经济且环保。

支招:购纪念品要多选择简易包装的,不要贪图面子。

国内著名低碳旅游景点

以下是我们推荐的国内五大"低碳"旅游地,先亲身体验一番吧。

燕子沟

推荐理由:电影《2012》中拯救全人类的诺亚方舟拍摄取景地,有良好的低碳形象。景区高调倡导低碳旅游。

在以往的川西旅游地中,很少有人提到燕子沟,近一年多才热起来。自电影《2012》放映后,燕子沟就更具吸引力了。冰川、雪峰、彩林、温泉这些川西具有的景色它都有,但最吸引人的是长达30多千米的红石滩,红石的"身世"至今还是个谜。景区已尽量减少了观光车的使用,连扩建的步游道也是在以前山民采药时留下的道路上铺设的。景区内还停售一次性雨衣,提供免费雨具。

峨眉山

推荐理由:老牌"低碳景区",旅游低碳的先行者。

早在12年前,景区就实行了统一乘坐旅游交通大巴的方式,景区还在酒店和农民旅店饭店大力推行节能措施。通过数字化峨眉山建设,对景区的空气、水源质量、植被实行监控,实现景区与交通运输、宾馆酒店、餐饮娱乐、旅行社的共同协调发展。多年来,峨眉山的森林覆盖率一直维持在95%以上。每年的3--6月是峨眉山观赏杜鹃花的最佳时节,从报国寺到万佛顶,各类杜鹃次第开放。春到峨眉还可体验采春茶、挖苦笋的乐趣。

张家界

推荐理由:以混合动力巴士和电瓶车用于景区交通,野生动植物与游客和谐相处。

热门影片《阿凡达》中原生态的哈利路亚山想必给你留下了深刻印象吧,它的拍摄原型就是张家界的袁家界景区内的乾坤柱,目前它已成为了张家界中人气最旺的景点。张家界由于核心景区禁止机动车进入,改以混合动力巴士和电瓶车代替,景区的空气十分清新,金鞭溪峡谷中野生猕猴出没,与游客和平相处,怡然自得。

香格里拉

推荐理由:"低碳"的生态环境是香格里拉的生命线,它的持久美丽离

不开"低碳"。

地处青藏高原东南边缘、"三江并流"之腹地,融雪山、峡谷、草原、高山湖泊、原始森林为一体的景观,"日照金山"的梅里雪山更是中国低碳旅游的象征,具有巨大的观赏价值和科学考察、探险价值。香格里拉腹地有梅里雪山、白茫雪山等北半球纬度最低的雪山群。澜沧江大峡谷、虎跳峡和碧壤翁水大峡谷以深、险、奇、峻闻名于世。而神女千湖山、碧塔海等高山湖泊是亚洲大陆最纯净的淡水湖泊群。

大兴安岭

推荐理由:中国最大的氧吧,《国家地理》评选出的中国三大低碳旅游景区。

大兴安岭有中国面积最大的林区,低碳效果超强。总面积8.46万平方千米,相当于1个奥地利或137个新加坡。林木蓄积量5.01亿立方米,占全国总蓄积量的7.8%。大兴安岭山脉繁衍生息着400多种野生动物和1 000余种野生植物。春夏季,这里山高谷阔,林木葱郁,非常适合踏青、探险、避暑等各种旅游活动。

全国低碳旅游实验区会议发布低碳旅游五十条建议

1. 明确游览目的,科学选择合理旅游线路;

2. 按照碳排放量大小,旅游出行优先选择:自行车(或步行)—公交车—摩托—自驾车;

3. 改变奢华旅游的观念,能选择火车出游的就不选择飞机;

4. 尽量不驾驶大排量汽车远距离出游;

5. 如果要自驾旅游,最好车能满座,实现效能最大化;

6. 出行携带环保装备;

7. 最大限度减少行李;

8. 遵守旅游安全规定,不到禁游区游览;

9. 自助旅游处理好垃圾,做到分类回收;

10. 自驾旅游,保护沿途生态人文环境;

11. 自驾旅游最好选择使用汽车节能降污燃油添加剂;

12. 拒绝使用一次性餐具;

13. 不食用野味,不购买野生动植物制作的旅游纪念品;

14. 购买旅游纪念品尽量选择包装简单的产品;

15. 出游尽量自备水杯,少喝瓶装水;

16. 食用本地应季蔬菜水果;

17. 尝试减少荤食,适当选择素食;

18. 住酒店不用每天更换床单被罩;

19. 外出旅游尽量自带洗漱用品;

20. 除了音像,不在景区留下其他痕迹;

21. 自带环保袋,拒绝塑料袋;

22. 不在旅游公共区域吸烟;

23. 向餐厅宣传停止使用一次性餐具;

24. 自带必备生活物品;

25. 向周边友人推荐绿色环保旅游纪念品;

26. 优先选择绿色旅游景区游览;

27. 优先选择绿色环保酒店住宿餐饮;

28. 保护文物,保护文化遗产,尊重当地传统;

29. 禁止踩踏景观植被;

30. 保护景区环境,不乱刻乱画;

31. 将酒店房间内空调温度保持在夏天不低于 26 ℃、冬天不高于 20 ℃;

32. 离开酒店房间时关掉电视机和空调等电器;

33. 住宿酒店时及时关闭不需要的灯；

34. 住宿酒店尽量选择淋浴；

35. 住宿酒店刷牙时,关上水龙头；

36. 酒店 5 楼以下客房,尽量不选择乘电梯；

37. 住宿酒店时节约用水；

38. 住宿酒店时能开窗通风的就不选择使用空调；

39. 住宿酒店时洗衣服能选择自然晾干的就不要使用洗衣机甩干；

40. 使用手绢、少用纸巾；

41. 积极参加旅游区的植树活动；

42. 预备便携式非一次性雨具；

43. 不丢弃旅游指南手册,送给朋友,循环使用；

44. 游览景区时尽量选择使用电子门票；

45. 游览景区,注意防火、防噪声、防污染。

46. 保护旅游地的自然和文化环境；

47. 夏季旅游偶尔选择宣传低碳旅游的文化衫；

48. 外出旅游尽量购买本地产品；

49. 做公益人士,旅途中同时向大众宣传低碳旅游的理念；

50. 鼓励身边的朋友做生态旅游宣传者。

■ 第三节 低碳娱乐——桌游

什么是桌游

桌上游戏又称不插电游戏,发源于德国,在欧美地区已经风行了几十年。大家以游戏会友、交友。在国外,桌上游戏内容涉及战争、贸易、文化、艺术、城市建设、历史等多个方面,大多使用纸质材料加上精美的模型辅助。它是一种面对面的游戏,非常强调交流。因此,桌面游戏是家庭休闲、朋友聚会、甚至商务闲暇等多种场合的最佳沟通方式,也是一种绿色低碳的沟通方式。21 世纪初它也登陆到中国国内,风靡白领群体。

桌游分类

按地域分——

德式桌上游戏

传统的德式桌游强调规则简洁,玩家上手相对容易,并且在整盘游戏结束之前没有玩家会退出游戏。一些大型的德式版图游戏注重玩家个体的策略思考,并依靠多种条件来实现玩家间的制约及互动。德式桌上游戏更适合 2 至 6 人的家庭娱乐或小范围朋友间进行游戏,因此也诞生了很多著名的家庭游戏。典型的德式桌游有卡坦岛、卡卡颂、电力公司等。

美式桌上游戏

美国模式的桌面游戏通常具有一个很完善的主题,并代入浓烈的角色扮演要素。强调玩家与玩家之间的直接竞争与冲突,并很可能导致某些玩家提前退出游戏。美式文化氛围注重冒险精神,也导致了此类型的游戏更注重未知事物的刺激,这也是为何通常美式桌面游戏会包含一定程度的运气成分。后期,美式桌面游戏还派生出了很多的肢体动作类游戏,要求玩家模拟一些行为,并常常在多人参与的大型聚会中扮演角色。典型的美式桌面游戏有强手棋、扭扭乐、同盟国与轴心国等。

按特点分——

棋类桌上游戏

用棋子＋棋盘或者单纯的棋子构成的游戏机制,重点围绕棋子的摆放、移动方式、分值数学模型等来规划游戏规则。代表游戏有:围棋、象棋;后续作品如冰山棋、火山棋、智谋棋、大力士棋、六子棋、昆虫棋等,比较个性的作品如角斗士(含区域控制要素)、陆战棋(含战争游戏要素)、彩虹棋(含图形变换要素)、Mr Jack 以及妙探寻凶(含逻辑推理、心理猜测

因素)等,因为其道具平台的问题,仍然可以划归此类。

牌类桌上游戏

用卡牌为核心运作的游戏机制,重点围绕卡牌的大小、功能、分值数学模型、牌库构建、手牌规划管理等来规划游戏规则,后续作品的卡牌个体还涵盖了收集、交换的概念。代表游戏有扑克,后续作品如 UNO、Tichu、谁是牛头王、极限、古战线、领土等,比较个性的作品如黑帮争斗卡牌版(含空间跑位要素)、大富翁卡牌版(含现金流经营要素)、吹牛(含拍卖、欺骗要素)、银河竞逐(含资源管理要素)、晦暗世界(含角色扮演要素)等,因为其道具平台的问题,仍然可以划归此类。

文字谈判类桌上游戏

依托于语言谈判或文字交际进行的游戏,注重利益分析和说服、欺骗效果,最脱离"桌上"的本质概念,但因为个别配有简单的棋子或卡牌,仍然归为桌上游戏范畴。代表作品有元老院、我是大老板。比较个性的作品如僵尸商场(含空间占位要素)、唐人街(含区域规划、放置收集要素)等,因为其本质机制的问题,仍然可以划归此类。

图形创意类桌上游戏

依托于图形组合分辨或语言、文字表述进行的游戏,注重对图形空间的理解、创意和语言沟通,绝大部分需要道具。代表作品有很久很久以前、只言片语、眯眯眼等。比较个性的游戏如捉鬼(语言创意沟通、含欺骗要素)、SET(含肢体反应要素)等,因为其本质机制的问题,仍然可以划归此类。

肢体操作类桌上游戏

以肢体动作为核心的游戏机制,包括模拟、反应、极限挑战等要素。代表作品有扭扭乐、你是机器人、捣蛋大法师、通缉令、世纪建筑师、平衡天使等,国内最新推出的《回转寿司》也属于此类。

版图策略类桌上游戏

很大的一类,策略这个涵义广泛的词包括常见的资源管理、经营、现金流、区域规划/控制、心理预估、逻辑推理等等,主要通过版图和多种道具来实现策略的系统运作和整体性。代表作品有卡坦岛、马尼拉、波多黎各、电厂、两河流域、小世界、穿越时代(历史巨轮)、冷战等绝大多数德式桌面游戏作品。要注意的是与战争游戏的区分。

战争类桌上游戏

以大范围的版图甚至沙盘运作的、包含众多兵种参与的模拟战争游戏。有多种策略综合的体现,规则一般涉及具体单位的行动方式、能力特性等,并有明确的区域概念。代表作品有战锤、战争之道、星际争霸。部分简化构造及游戏时间的过渡产品如《权力的游戏版图版》属此类的边缘产品。

桌上角色扮演类游戏

此类游戏同样含有大量要素,但最重要的是有一个固定的核心剧情,且可能每次游戏都不相同;它具有可套入、可成长的游戏角色,可供玩家去扮演操作。桌上角色扮演游戏所处理的是真实的个人行为,各种各样遭遇的结果则是取决于玩者的行动、仲裁者的作风,以及以骰子进行的随机数程序。代表游戏有链甲、龙与地下城,魔兽争霸战役版等等,部分简化的游戏如《小白世纪》等属于此类的衍生产品。

桌游特点

1. 游戏通常设计为多人游戏,一般供 2—8 人进行,一局的游戏时间一般在半小时到两个小时;

2. 游戏规则简单易懂,即使是 8—12 岁的儿童也可以掌握。另一方面游戏对策略的运用要求很高,使得游戏对成人同样有极大的吸引力;

3. 游戏设计运用历史、经济、战争、文化、艺术与建筑等多种主题以

及趣味横生的规则设计,最大程度推动游戏者间的互动参与。与传统桌上游戏中通过掷骰子移动步数,以及随机抽取的方式进行游戏相比丰富许多;

4. 游戏中通常没有参与者会在游戏中途被淘汰,游戏在某个或多个游戏者达成某种目标或者一定的回合后结束;

5. 游戏设计绘图富有艺术创意,制作精良,用材讲究。使得每个游戏都成为游戏者乐于收藏的作品。

6. 游戏具有良好的开放性,支持玩家自创或扩展规则。并参与一些开放素材和规则以供玩家自行制作的良好模式,这在国外被称为"即打印型桌上游戏"。

桌游的益处

桌面游戏不仅可以供你休闲娱乐,还可以带来以下的益处——

补偿童年遗憾:现在的成人大都童年时期因为经济原因,很少能得到玩具,这样的童年不免留有遗憾,而现在的成人玩具可为他们提供"心理补偿"。

脱离负面情绪:现代人的学习、工作压力大,生活枯燥单调。而成人智力玩具以其或简单或复杂的设计,很容易就让人爱不释手,在嘻嘻哈哈中释放压力、缓解疲劳、调节情绪,可以说是身边的心理医生。现代都市中将近20%左右的青年人患有程度不一的抑郁症,这种疾病的诱发因素,主要是头脑纠缠于工作生活中的困难和不如意,这些有趣的智力玩具,正好让人们从游戏中获得成功感,转移人们的注意焦点,相当于一次自我心理治疗。

锻炼头脑:世界卫生组织专家对1 000名青年和1 000名老人调查后发现,青年人一般有140亿个脑细胞,大脑的重量大约为1 400克;而年过70岁的老人,脑细胞数量只有青年时期的60%,大脑的重量也减少200

克左右。如同以车代步的人容易产生肥胖一样,对于那些生活单调枯燥,沉溺于电视、VCD中的人,比其他经常动脑的人更容易患上"老年痴呆症"。所以,益智类玩具也是我们的头脑健身器,经常手脑并用可以激活更多的脑细胞,让人更聪明。成人玩具包含了数学、化学、物理学等各门学科的知识,人们在手与脑的配合中能够让大脑和身体一同运动起来。

防止早衰:美国医学专家劳伦丝·旦弗研究发现,50岁以前开始玩成人益智玩具的人,老年痴呆的发病率只有普通人群的32%;40岁以前开始玩成人益智玩具的人,得老年痴呆的发病率只有普通人群的12%;而从小就玩益智玩具的人,发病率不到普通人群发病率的1%。另有一些医学专家发现,一些轻度老年痴呆症患者玩成人益智玩具,可以减缓甚至阻止病情的发展,少数病人还有一定程度的智力恢复。

增强人与人之间的沟通:透过桌面游戏,可以训练人的思考力、记忆力、联想力、判断力。桌面游戏是人与人面对面玩的游戏,通过游戏可以学习如何与别人相处、沟通,重在对智力水平和分析计算能力的挑战。而且,桌面游戏对玩家年龄的差别要求不大,适合和朋友、同事一起进行游戏从而增进朋友之间的感情。通过游戏提高参与者的思维及逻辑推理能力,使游戏者认识到各种学科理论的应用和为求达到目标所制定出来的策略与全盘计划。

■ 第四节　低碳与心灵净化

什么是心灵低碳

心灵低碳指的是让心恢复自然的状态,不再紧绷和充满压力;让心充满能量,为自己创造一个轻松、自在和幸福的内在空间环境。在抱怨交通拥挤、空间逼仄、物价高涨、浪费惊人、污染严重、信息泛滥、人口爆炸等问题的同时,我们依然会义无反顾地投入购房购车、换房换车的大军,在欲

望洪流的挟裹下,我们每个人都变成了一粒身不由己的沙尘。低能耗的生活首先是一种价值观,只有精神上低碳,心灵上低碳,才是实现全球低碳的根本路径。

如何理解心灵低碳

对比物质低碳,心灵低碳或许可以从这样几个方面来理解:

1. 放下"比较",找回真我。每个人生存在这个世界上都有独特的价值和意义,如果每个人都能明白这一点,如果每个人都能为自己去找寻一条适合自己的内在需要和兴趣的道路,那么我们现代人生存的快乐度就会提升很多。然而,实际情况是,"我们追求的不是自己的幸福,而是比别人幸福",这句话稍有夸张,可是却不无道理。我们很多的生存压力来自莫名的比较,这样的比较造成了莫名的紧张和不安,带来了无法释怀的内在压力。永远有人看起来比你更好,可是让你真正快乐的一定是当你内心找到你自己真正要去的方向的时候。内在的比较一直让我们处在不安之中,从身体上来说这样的心理状态是很消耗我们的"元气"的,让我们越来越身心疲惫。

2. 道法自然,轻松向前。低碳经济是人类在做了太多破坏自然的事情之后的新的觉醒,开始学会尊重自然的法则。我们对于我们的身体又何尝不是在不断破坏呢?越来越多的亚健康人群的出现让我们看到在不断创造辉煌的物质世界的同时,我们的身心越来越被困扰。一个重要的原因是,我们每天的生活越来越违背大自然的规律,我们很少呼吸到自然清新的空气,我们很少活动我们的手脚身体,越来越依赖车子和电梯,我们吃的食物越来越是精加工的,我们的睡眠时间越来越违背"日出而作,日落而息"的自然规律,凡此种种,当我们违背了规律,定会有新的教训出现在我们的面前。生活的沉重是因为我们的群体和个体都在偏离着大自然为我们昭示的道路。

3. 从心出发,内外皆富。我们以为这个世界越来越复杂,困扰越来越多,其实是我们的心越来越不能恢复简单,越来越难回到"低碳"状态。如果愿意从心出发来重新面对一些事情,会发现很多困扰很难干扰我们。比如,每天给自己一个安静的时间和空间,哪怕是五分钟,让自己的心安静一下,你会对自己有很多新的发现;学会自我对话和沟通,在每天早晨醒来时,在每天晚上临睡前,在身体状况不佳时,在情绪不好的情况下,"自我沟通"是一个"高效环保节能"的自我调节的方法;学会聆听,可以让我们在沟通中获得更大的影响力和感召力……有很多内在的功课,可以提升我们内在的资源,这些能让我们在面对外在世界时得到更多的力量、信心和勇气。

心灵低碳小贴士

1. 用良知和爱在心中植出大自然,用绿意和宁静创造真正的低碳心灵。

2. 从恕己之心恕人,时刻保持一颗宽容、真诚、善良、谦虚、慈悲为怀的心。

3. 知足常乐,抛除杂念,净化心灵。

4. 净化心灵毒素,践行低碳生活。

5. 用无价的心,维护无价的地球,为子孙后代留下美好纯净的乐土。

第五节　各地法规

北京

公布低碳生活"宝典"

煮米前浸泡 10 分钟,可节电约 10%;用盆节水洗菜代替直接冲洗,每户每年可节水约 1.64 吨……这是北京市发改委公布的低碳生活"宝典"《低碳行为指导手册》中的内容。这本手册从衣、食、住、行等生活细微处告诉人们

节能减排的常识和技巧。北京市节能环保义务宣传员濮存昕建议市民根据"宝典"订立家庭"低碳时间表",逐渐养成低碳乐活的意识和生活习惯。

就在同一天,北京市发改委还公开发布了《北京市 2010 年节能节水减排技术推荐目录》。

为 3 000 户家庭更换节水设备

箭牌、尚高、恒洁、法恩莎、美加华和惠达 6 个受表彰的卫浴品牌共同给 3 000 个北京家庭更换了节水马桶,并将节约用水的理念传递到北京多个社区。

这次"低碳节水"行动主要针对北京市老旧小区仍在使用的 9 升以上非节水型或者已经没有保修单位并过了保修期的马桶进行更换。被选中更换马桶的市民除了享受马桶手工费全免、新产品安装费全免、保质期延长等多项优惠政策以外,还享受洁具购买补贴费 200 元。在两个月的时间里,共有 3 000 个家庭的马桶被更换,六大品牌为此项活动共支出了120 万元的费用。

老旧小区装太阳能可获补贴

北京市规定,老旧住宅楼进行节能改造时,只要三分之二的业主同意,即可安装太阳能热水。同时,安装集热器超过 100 平方米时,可获每平方米 200 元的补贴。

同时,北京市住房城乡建设委员会表示,该市计划从 2012 年开始在全市新建民用建筑中大力推广太阳能热水系统。

据了解,北京市"十二五"期间建筑节能量将达到 620 万吨标准煤,占全市节能降耗任务的 41%,成为全市节能降耗的主要领域。因此,新旧建筑节能将"齐头并进",除了新建建筑全面执行节能设计标准之外,既有建筑也需按照标准进行改造。

既有建筑实施综合节能改造以后,每平方米的节能量可达 16 千克标准煤。居民家中的采暖温度将得到提高。同时，安装太阳能热水系统之后，每户家庭用于生活热水的采暖费大概每年可降低50％以上。也就是说，每个家庭安装太阳能热水可节省150千克标准煤的能量。

山东

百辆公务自行车倡导节能减排

山东省公共机构在全国节能宣传周推出主题为"节能低碳新生活，公共机构做表率"的活动，首批100辆省直公务自行车将发放到省直部分单位，倡导骑车外出，推行节能环保的办公模式。6月11日，开展节能公益短信倡议活动，引导和带动全社会积极参与节能减排。6月14日，各级公共机构除信息机房等特殊场所外，实行空调、照明、六层以下电梯和公车"四个停开"。

河北

推出免费便民自行车

2011年春运期间，石家庄市公安交通管理局投资购置的1 000辆便民自行车正式投入使用。

据介绍，这批自行车实行免费借用制度，只需携带身份证到各借车点，并告知经办人员自己的手机号码，即可免费借到一辆自行车，骑上就走，不用抵押任何财物。还车实行通存通取制度，无论在哪一处地点借用自行车，在任何一处都可就近归还。

该市公安交通管理局有关负责人介绍说，推出便民自行车就是为了方便市民出行，减少机动车的行驶，倡导绿色、环保、低碳的交通方式而采取的一项举措。这批自行车色调独特，功能简单，在大梁、挡泥板、后轮护板处印刷有"便民自行车"、"文明礼让、安全出行"、"绿色出行、低碳生活"等宣传标语。

便民自行车电子管理系统采用了最新的物联网技术，配置了短信平

台,借车人在借车时都会收到一条短信提示,借车人也可以借用该系统查询其他便民服务信息等。车身上安装有电子识别装置,系统建有电子围栏,当自行车骑出二环路后,系统就会自动报警并发短信提醒借车人。

这套系统还可以随时定位任何一辆自行车的存放地点,对丢失或未按时归还的自行车可进行探测追踪,当设备探测到自行车后,立即提醒管理人员采取措施。

江苏

LNG 燃气客车助阵低碳环保班线

南通汽运集团新购置的 9 辆 LNG 燃气客车从 2012 年元旦开始,全部投入南通至海安的快客班线营运,这是苏、锡、常、通四地首条开通的县级绿色低碳环保班线。

LNG 燃气客车是以天然气为动力的清洁能源客车,具有热值大、性能高、零排放、成本低的特性,与传统的汽油、柴油相比,LNG 车辆尾气有害物质排放量可减少 90％以上,接近零排放,是国际公认可替代汽油、柴油的"绿色"新能源,LNG 客车将比原有的柴油客车节约一定成本。

辽宁

太阳能公交候车亭亮相辽宁锦州

为节能减排建设环境友好型城市,辽宁省锦州市在大力推广小排量公交车的同时,在 9 路、8 路与环 3 路站点建起 14 个"太阳能公交候车亭",每个候车亭的单晶硅太阳能板可有效解决全天候照明问题,预计使用寿命 25 年。

广东

广州生活垃圾分类各楼层将配容器

从 2011 年起,广州市全面实施生活垃圾分类。具体做法是:在每栋居民楼各楼层按照垃圾分类的要求配置容器,同时配备一批垃圾分类指导员,负责检查和指导垃圾分类工作。

同时,广州在全市1500所中小学推行垃圾分类。对学校建立专门的收运网络,做好利乐包的收运工作,并建立收运档案。对全市城区的肉菜市场的垃圾处理也要做到单独收运。

第六节　废物利用

什么是废物利用

废物的处理和利用有悠久的历史。我国人民早在春秋战国时期就兴建了厕所积肥。印度等亚洲国家,自古以来就有利用粪便和垃圾堆肥的习俗。20世纪70年代以来,美国、英国、德国、日本、法国和意大利等国,由于废物放置场地紧张、处理费用高昂、石油危机的冲击使资源问题更加突出,日本科技界首先提出了"资源循环"概念,受到国际社会的注意,废物资源化问题日益引起人们的重视。许多国家相继制定了有关法规,在立法上也可以看出各国由过去的消极处置转为积极利用的发展趋势。

塑料瓶改造的生活用品

1.用洗干净的废弃塑料瓶盛装五谷杂粮,存放时间长而且很少生虫。

2.根据废弃塑料瓶的大小稍加改造就可以做成漏斗、笔筒、牙签罐等。

3.将塑料瓶身横截开后,把带有瓶口的部分在瓶盖及附近扎一些小孔,倒过来大口向上栽花,放进截剩下的瓶座内,做成花瓶,既美观又实用。

4.把皱了的领带卷在圆筒状的装满水的塑料瓶外,第二天早上就变平整了,免去熨烫,节约能源。

5. 有刻度的塑料瓶,比如废弃不用的奶瓶等,可以制成量杯。

废旧月饼盒巧改文件筐

每年家里都会有很多月饼,吃过后就剩下漂亮精美的月饼盒子,纸的、铁皮的真是五花八门,不过它们的命运多半是被扔到垃圾箱里。我们可以根据月饼盒子的外形进行改造,使它成为我们生活中收纳的好帮手。

将月饼盒的一侧用刀子切开,可以根据使用需要选择切开宽边还是窄边。建议切开宽边带吸扣的一面,切边后用胶带封边处理。

酸奶桶改做收纳盒

很多人在喝完酸奶后都把酸奶桶丢掉了,其实酸奶桶结实耐用,我们完全可以利用它帮助我们解决生活问题。

比如冰箱收纳,我们在使用冰箱的时候总会遇到这样的问题,冰箱门里面会存放很多小袋的食物包装,在开关门的时候还会跑来跑去。我们可以将酸奶桶做成冰箱收纳盒,各种零散食物通过酸奶桶的收纳,很容易就能找到了,而且还节约了冰箱门上的空间,提高冰箱利用率,能存放更多的东西。

旧物改制加湿器

寒冷的冬季里,我们的居室温度能够保证,但是湿度往往不够。科学研究表明,人们生活的湿度环境应该达到 40%—60% 才是最适宜的,还能够减少病菌的传播。

下面就教大家几个用旧物改造的方法来自制加湿器。

旧牛奶袋

将多个旧牛奶袋包装洗净,插到暖气片中,然后在里面注满水。也可以先装入半袋水,再插到暖气片中。这种方法普遍适用,就算间隙小的新式暖气也能用此招。

旧矿泉水瓶

将旧矿泉水瓶的顶部剪掉,瓶子压扁后塞到暖气片中,注水。这种方法适用于间隙大的暖气。

旧饮料瓶

可以选择大一些的旧饮料瓶,将盖子拧紧后平放,在上面开一个长方形的口,然后放到暖气片上注水。这种方法适用于表面很平、很宽的暖气。

旧易拉罐

把旧易拉罐根据需要剪成一定高度的罐子,然后直接注水,放到暖气下面或者上面,也可以在房间边角处多放几个,也是个加湿的好方法。

毛巾

睡觉前可以接一盆清水,放到暖气下面,然后把毛巾打湿,一头搭到暖气片上,一头放在水里。

鸡蛋托做便签板

超市买回盒装鸡蛋时,总会剩余几个鸡蛋托,这种纸质鸡蛋托又有什么利用价值呢? 其实,可以用鸡蛋托来做一个独特的便签板挂在门口,钉上便签条后它就成为了你生活的好帮手。首先将鸡蛋托剪成心形,再用毛笔、颜料在鸡蛋托上涂好喜欢的颜色,在心形顶部两端各打一小孔,穿入绳子或者链子,最后可以做简单装饰,比如用指甲油涂上小桃心,一个可爱的便签板就做好了。

一位普通美国人的低碳生活

丹尼尔家住美国南部奥古斯塔小镇上。那是一个非常美丽宁静的小镇,绿树成荫,一尘不染。丹尼尔的房子建得很特别,房顶全是用不吸热的反光材料做成的。他说,这样能在夏天有效地把炙热的太阳光反射回去,保持房屋内的温度,除了用上反光材料外,他还在屋顶中间特意安放了一层隔热效果很好的海绵,以阻止室内外冷暖空气的对流交叉。为了进一步给房子御热保暖,丹尼尔还在房屋的周围种上了许多花草和植物,

这样，它们便能在夏天帮助房屋有效地降温，而在冬天里则能阻挡寒气对房屋的侵蚀。

为了节约水源，丹尼尔在房屋四周的底部都铺设了一根竹筒，这样，雨天从屋顶和屋檐流下的雨水便能被有效地收集起来。他还在竹筒外侧的地面上也挖出一条浅浅的小沟，小沟里铺放着一些细小的石头和沙子，这样从高处流出来的雨水便能通过石头和沙子的过滤，最后流进一个专门埋入地下的水池里，供丹尼尔一家人平时使用。

丹尼尔几乎很少花钱用电，因为他所用的电能都是平时自己收集到的。他在房屋的一侧安装了一个大太阳能电板，晴天便能通过它收集到热能；如果是起风的阴天，也没有关系，因为在房屋后边的一个敞风口处，丹尼尔又在那里安放着一个风力发电机。因此，起风的时候，他便又能轻易地将风能变成电能，然后储存起来。为了节省收集到的电能，丹尼尔屋里用的灯泡是节能型电灯，该电灯的用电量只是普通电灯泡的四分之一，而使用寿命则可高达 15 年。

除了房屋水电是绿色节能环保外，更让人想不到的是，丹尼尔平时出行也同样非常环保节能。他出门时不开汽车，而是骑着一台风力太阳能摩托车，太阳能电板安在摩托车的顶部，在天气晴好的情况下，既能遮阳，又能吸收到足够的热能；而在摩托车的前端则安装了一个风轮叶片，摩托车一跑起来，便能带着风轮发电，发好的电被储存在车后面的电瓶里，供摩托车使用。

在购物方面，丹尼尔平时喜欢买二手货，而且他坚决拒绝买过度包装的商品。

丹尼尔告诉我们，"其实，只要你用心环保生活便很容易做到，关键是你会不会动脑子，有没有兴趣，关不关心地球环境"。在他看来绿色环保节能的生活，不仅健康，而且还能节省一大笔开支，何乐而不为呢。

chapter 10 >>

第十章
低碳·新知篇

■ 第一节　低碳名词

京都议定书

为了 21 世纪的地球免受气候变暖的威胁,1997 年 12 月, 149 个国家和地区的代表在日本东京召开《联合国气候变化框架公约》缔约方第三次会议,经过紧张而艰难的谈判,会议通过了旨在限制发达国家温室气体排放量以抑制全球变暖的《京都议定书》。

碳汇

根据《联合国气候变化框架公约》的定义,将"从大气中清除二氧化碳的过程、活动和机制"称之为"碳汇"。碳汇,是指自然界中碳的寄存体。与之相对的概念是碳源,它是指自然界中向大气释放碳的母体。碳汇一般是指从空气中清除二氧化碳的过程、活动、机制。

碳强度

即二氧化碳强度,按每单位能源消耗或每单位产品产量计的二氧化碳排放量。

碳循环

用于描述大气、海洋、陆地生物圈和岩石圈中碳流动(以各

种形式,如二氧化碳)的术语。

自然碳捕获

由海水、绿色植被等构成了大自然的"蓄碳池"体系所进行的碳吸收和碳捕获,就称之为自然碳捕获。

低碳经济

低碳经济是以低能耗、低污染、低排放为基础的经济模式,是人类社会继农业文明、工业文明之后的又一次重大进步。低碳经济实质是能源高效利用、清洁能源开发、追求绿色 GDP 的问题,核心是能源技术和减排技术创新、产业结构和制度创新以及人类生存发展观念的根本性转变。

低碳城市

低碳城市是指在经济高速发展的前提下,保持能源消耗和二氧化碳排放处于较低的水平,市民以低碳生活为理念和行为特征,政府公务管理层以低碳社会为建设标本和蓝图的城市。低碳城市目前已成为世界各地的共同追求,很多国际大都市以建设发展低碳城市为荣,关注和重视在经济发展过程中的低碳最小化以及人与自然的和谐相处、人性的舒缓包容。

低碳建筑

是指在建筑材料与设备制造、施工建造和建筑物使用的整个生命周期内,减少化石能源的使用,提高能效,降低二氧化碳排放量。

低碳生活

是指生活作息时所耗用能量要减少,从而减低碳排放,特别是二氧化碳的排放。换句话说,就是指通过转变消费理念和行为方式,在保证生活质量不断提高的前提下,减少二氧化碳等温室气体排放的生活理念和生活方式。

碳税

碳税是一种污染税,它是根据化石燃料燃烧后排放碳量的多少,针对化石燃料的生产、分配或使用来征收税费的。政府部门先为每吨碳排放量确定一个价格,然后通过这个价格换算出对电力、天然气或石油的税费。

碳交易

碳交易是为促进全球温室气体减排,减少全球二氧化碳排放所采用的市场机制。1997 年 12 月通过的《京都议定书》把市场机制作为解决二氧化碳为代表的温室气体减排问题的新路径,即把二氧化碳排放权作为一种商品,从而形成了二氧化碳排放权的交易,简称碳交易。

碳交易基本原理是,合同的一方通过支付另一方获得温室气体减排额,买方可以将购得的减排额用于减缓温室效应从而实现其减排的目标。在 6 种被要求排减的温室气体中,二氧化碳(CO_2)为最大宗,所以这种交易以每吨二氧化碳当量(tCO_2e)为计算单位,所以通称为"碳交易"。其交易市场称为碳市场。

碳排放

碳排放可分为可再生碳排放和不可再生碳排放。可再生碳排放是地球表面的各种动植物正常的碳循环,包括使用各种再生能源的碳排放。不可再生碳排放是指开发和消耗石化能源产生的碳排放。减少碳排放量对缓解温室效应引起的全球气候变暖能起到重要作用。

碳中和

又称碳补偿,指人们计算自己日常活动直接或间接制造的二氧化碳排放量,并计算抵消这些二氧化碳所需的经济成本,然后付款给专门企业或机构,由他们通过植树或其他环保项目抵消大气中相应的二氧化碳量。

碳捕捉

二氧化碳的产生有时不可避免,就像你一直在呼吸,为了不让你呼出的碳排到大气中去,你可以把它们吹到一个塑料袋里。在大规模的工业生产

中,即将排出的二氧化碳可以用化学方法先分离出来,这个过程就是捕捉。

碳封存

碳捕捉之后的关键步骤是碳封存。业界认同的方法就像佛祖压住孙悟空一样:寻到一块地下1 000米以下的岩体。在这样的深度,压力将二氧化碳转换成所谓的"超临界流体"后才不容易泄漏。这项技术被能源公司广泛看好,因为它们总有很多深不见底的废弃油井。

位减排量所增加的成本。一般来说,宏观分析时边际减排成本随减排量的增大而递增。

可再生能源

可连续再生、永续利用的一次能源。这类能源大部分直接或间接来自太阳,包括太阳能、水能、生物质能、风能、波浪能等等。

化石能源

已经或可以从天然矿物源开采的含有能量的含碳原材料,如煤炭、石油、天然气等等,它们是由地质时代生物埋入地层中经过长期变化后生成的。

标(准)煤

又称煤当量,是用其热当量值来计算各种能源量时所用的一种综合换算指标。中国采用的标(准)煤的热当量值为29.3 MJ(7 000 kcal)。

碳吸收汇

是指植物吸收大气中的二氧化碳并将其固定在植被或土壤中,从而减少该气体在大气中的浓度。

生物燃料

由干燥的有机物生成的燃料或植物生成的燃油。生物燃料的例子包括:酒精(由糖发酵而来),由造纸产生的黑液、木材和豆油。

替代能源

非化石燃料能源。

热电联产

把发电产生的废热如汽轮机产生的废气用于工业目的或区域供热。

终端能源

可供消费者转化成有用能源(如墙壁插座中的电能)的能源。

化石二氧化碳(CO_2)排放:因碳沉积化石燃料(如石油、天然气和媒)的燃烧而产生的二氧化碳排放。

化石燃料

由碳化石沉积形成的碳基燃料,包括煤、石油和天然气。

能源强度

能源强度是能源消费与经济或物理产出的比率。在国家水平中,能源强度是国内主要能源的消费总量或终端能源消费与国内生产总值或物理产出的比率。

能源转换

从一种能源形式,如化石燃料所具有的能量,变为另一种能量,如电能。

燃料转换

指将煤等低碳燃料转换成天然气以减少二氧化碳排放的手段。

异养呼吸

除植物以外的有机物质将有机成分转化成二氧化碳。

■ 第二节 低碳生态社区

"O"生活生态社区

这是只有在未来世界里才能看到的低碳生态社区,这里创建的是一种可持续的生活方式。

在这里生活的人,从年轻人到老年人都可以在大自然中快乐地生活

在一起,与大地和谐相处。对于那些重要的议题,如关于健康、孩子教育、有机农耕、社会重构和身心放松等,这里给出了全新的答案。

在这里,农耕的根本在于与自然和谐共创。从"O"生活生态社区创建的最初开始,农耕就是作为一个回归自然,回归内在本性的基本组成部分。

享用这些健康新鲜的蔬菜是多么愉快的一件事啊!当你沉浸在大自然的奥秘中,天堂离得如此之近。

"O"生活生态社区在有机农耕方面积累了丰富的实践经验,这里的任何地方都能够种植出美味的蔬菜,即使是在那些当地人认为什么都种不出来的贫瘠土地上也是一样。

蔚来城

蔚来城位于山东省德州市经济开发区河东新城中轴黄金地段,天衢路、三八路两条东西主干道之间,大胆采用世界成熟领先科技,利用自身优越的太阳能资源与领先世界的科技应用打造了这座与太阳能完美结合的建筑。37项可再生科技成果,130种高科技产品应用,特别是技术研发与检测方面都走在了世界的前列,如太阳能热水系统、土壤源热泵空调系统、太阳能＋土壤源热泵空调系统、温屏双层双镀银高效节能玻璃、德国进口维卡、瑞好五腔型材、20 cm—25 cm厚高效保温墙、太阳能游泳池、太阳能光电、光伏系统、智能遮阳系统、光电雕塑、照明系统、自然通风系统、光伏并网发电系统、中水处理、雨洪收集、垃圾处理、同层排水人车分流、湿地景观、三水入户等方面的应用。蔚来城所运用的技术有着成熟的、广泛的市场基础,在全国各地节能建筑应用中有着优良的口碑并获得了很高的荣誉。

建筑设计大量采用太阳能、光电、温屏等较高的节能材料和设备进行全面系统的节能优化。小区除采用环保节能材料外,主要是利用可再生能源、太阳能解决日常生活用热水、部分建筑供暖、照明等。

本示范项目通过采用外墙外保温等高效的围护结构节能技术,使建筑物节能目标达到70%以上,集中式生活热水系统的太阳能保证率为70%以上,分体式系统的太阳能保证率为40%以上,小区会所的空调能耗的90%以上由太阳能和地热能提供,并网发电系统的发电量占小区总用电量的4%以上。

蔚来城一期屋顶集热器飘板多层建筑采用太阳能集中供热水的方式,供水分户计量,创建切实可行的热水供应物业管理模式。高层建筑采用分体式太阳能热水系统,实现太阳能与建筑不同的结合方式。

太湖新城

无锡市以太湖新城规划建设为契机,创建国家低碳生态示范区,最大的亮点就是,在规划中引入了建筑节能和资源循环利用的超前理念,推广可再生能源的使用和水资源的循环利用。

早在2010年7月3日,国家住房和城乡建设部与无锡市人民政府签署《共建国家低碳生态城示范区——无锡太湖新城合作框架协议》,并授予太湖新城"国家低碳生态城示范区"牌匾。同日,无锡与瑞典合作的中瑞低碳生态城项目奠基开工建设。中瑞低碳生态城作为太湖新城——国家低碳生态城示范区的启动区,计划于2012年基本建成。

目前,太湖新城路网框架已经形成,立德道沿线已建成16.4千米的共同管沟,尚贤河和贡湖湾生态保护湿地、尚贤河湿地太阳能路灯电站也相继建成,中水回用和垃圾真空收集管网等基础设施正在加快建设。

天津中新生态城

相比其他区域的地产项目,大量低碳环保材料和先进技术的应用成为天津中新生态城的亮点。

据介绍,生态城项目在建设过程中,梁、板、柱等都将是提前制作好的,拿到施工现场之后可以直接组装起来,就像搭建一个大型积木一样。将预制的钢筋混凝土柱、墙以及预制的钢筋混凝土叠合梁、板等,通过预埋件、预留插孔灌浆等方式,将梁、板、柱以及节点连成整体,形成整体结构体系。通过这种方式,可以实现施工现场干式作业,不但有效缩短了施工周期,提高了效率,并且降低施工现场污染、节约能源,实现低碳环保。

大目湾零碳小镇

大目湾新城地处象山百里黄金海岸带上的中心位置,北与国家"AAAA"级风景旅游区松兰山相接,东接大目洋,拥有长三角首屈一指的山地、海湾、沙滩等组合休闲旅游资源。

这是一座全新的低碳小城镇,低碳理念贯穿于大目湾低碳生态新城的每个建设项目和环节中,目前大目湾新城管委会办公大楼正在建设,这将是象山最"贵"的办公楼,"贵"就贵在低碳上,玻璃窗是节能的,水是循环利用的,取暖是采用地热,不用空调……

资料显示,大目湾新城将通过太阳能发电、太阳能集热、实施光伏照明工程、建设节能的公共建筑和住宅建筑、快速公交出行等一系列措施,加上增加区域内湿地和林地的碳汇,建成后的大目湾低碳生态小城镇可以形成基本的碳平衡格局,大目湾有望成为一座零碳小镇。

■ 第三节　低碳新能源

新能源有哪些

按形成和来源分类

1. 来自太阳辐射的能量,如:太阳能、煤、石油、天然气、水能、风能、生物能等。

2. 来自地球内部的能量,如:核能、地热能。

3. 天体引力能,如:潮汐能。

按开发利用状况分类

1. 常规能源,如:煤、石油、天然气、水能、生物能。

2. 新能源,如:核能、地热、海洋能、太阳能、风能。

按属性分类

1. 可再生能源,如:太阳能、地热、水能、风能、生物能、海洋能。

2. 非可再生能源,如:煤、石油、天然气、核能。

按转换传递过程分类

1. 一次能源,直接来自自然界的能源。如:煤、石油、天然气、水能、风能、核能、海洋能、生物能。

2. 二次能源,如:沼气、汽油、柴油、焦炭、煤气、蒸汽、火电、水电、核电、太阳能发电、潮汐发电、波浪发电等。

常见新能源都有哪些

太阳能

太阳能一般指太阳光的辐射能量。太阳能的主要利用形式有太阳能的光热转换、光电转换以及光化学转换三种主要方式。

细分包括:

1. 太阳能光伏:光伏板组件是一种暴露在阳光下便会产生直流电的发电装置,由几乎全部以半导体物料(例如硅)制成的薄身固体光伏电池组成。

2. 太阳热能:现代的太阳热能科技将阳光聚合,并运用其能量产生热水、蒸汽和电力。

3. 太阳光合能:植物利用太阳光进行光合作用,合成有机物。

核能

核能是通过转化其质量从原子核释放的能量。

具体方式:

1. 核裂变能：所谓核裂变能是通过一些重原子核(如铀-235、铀-238、钚-239 等)的裂变释放出的能量。

2. 核聚变能：由两个或两个以上氢原子核(如氢的同位素——氘和氚)结合成一个较重的原子核，同时发生质量亏损释放出巨大能量的反应叫做核聚变反应，其释放出的能量称为核聚变能。

核能的利用存在的主要问题：

1. 资源利用率低。

2. 反应后产生的核废料成为危害生物圈的潜在因素，其最终处理技术尚未完全解决。

3. 反应堆的安全问题尚需不断监控及改进。

4. 核不扩散要求的约束，即核电站反应堆中生成的钚-239 受控制。

5. 核电建设投资费用仍然比常规能源发电高，投资风险较大。

海洋能

海洋能指蕴藏于海水中的各种可再生能源，包括潮汐能、波浪能、海流能、海水温差能、海水盐度差能等。这些能源都具有可再生性和不污染环境等优点，是一项亟待开发利用的具有战略意义的新能源。

风能

风能是太阳辐射下流动所形成的。风能与其他能源相比，具有明显的优势，它蕴藏量大，是水能的 10 倍，分布广泛，永不枯竭，对交通不便、远离主干电网的岛屿及边远地区尤为重要。

生物质能

生物质能来源于生物质，也是太阳能以化学能形式贮存于生物中的一种能量形式，它直接或间接地来源于植物的光合作用。生物质能是贮存的太阳能，更是一种唯一可再生的碳源，可转化成常规的固态、液态或气态的燃料。地球上的生物质能资源较为丰富，而且是一种无害的能源。

地热能

地球内部热源可来自重力分异、潮汐摩擦、化学反应和放射性元素衰变释放的能量等。放射性热能是地球主要热源。

氢能

在众多新能源中,氢能以其重量轻、无污染、热值高、应用面广等独特优点脱颖而出,将成为 21 世纪最理想的新能源。氢能可应用于航天航空、汽车的燃料等高热行业。

海洋渗透能

如果有两种盐溶液,一种溶液中盐的浓度高,一种溶液的浓度低,那么把两种溶液放在一起并用一种渗透膜隔离后,会产生渗透压,水会从浓度低的溶液流向浓度高的溶液,这就是海洋渗透能的基本原理。

水能

水能是一种可再生能源,是清洁能源,是指水体的动能、势能和压力能等能量资源。广义的水能资源包括河流水能、潮汐水能、波浪能、海流能等能量资源;狭义的水能资源指河流的水能资源。

新能源有什么特点

1. 资源丰富,普遍具备可再生特性,可供人类永续利用。比如,陆上估计可开发利用的风力资源为 253 GW,而截至 2003 年只有 0.57 GW 被开发利用。预计到 2020 年将达到 20 GW,而太阳能光伏并网和离网应用量预计到 2020 年可以从目前的 0.03 GW 增加 1 个至 2 个 GW。

2. 能量密度低,开发利用需要较大空间;

3. 不含碳或含碳量很少,对环境影响小;

4. 分布广,有利于小规模分散利用;

5. 间断式供应,波动性大,对继续供能不利;

6. 目前除水电外,可再生能源的开发利用成本较化石能源高。

第四节 疑问解读

1. 本地饮食是否更环保？

背景："100英里饮食"运动的参与者们发誓只吃住宅地方圆100英里(161公里)以内出产的食品，原因是美国人吃的食物普遍从数千千米以外运来，消耗了比"本地饮食"高17倍的石油，排放了17倍的二氧化碳，如果只吃附近产的食物可节约大量资源。可是，实验者的生活质量却因此严重下降，生活成本大幅提高，比如，100英里内不产糖，只能买比糖贵3倍的蜂蜜……长此以往，情何以堪？本地食物的运输成本肯定远低于异地食品。不过据我所知，英国不产茶，日本不产绿豆，巴西的大蒜不够用，俄罗斯长不了咖啡豆……要是大家都严格地不吃方圆百里以外的东西，最后恐怕还得到医院去大量释放二氧化碳。

回答：当然，这个问题倒也不是没有解决方法，如果征收碳排放税，运输过程中增加的碳排量加到了商品的价格中，也就可以适当抑制人们对异地产品的消费冲动，又不至于严格到威胁生活质量的程度。

2. 环保就是不洗澡？

背景：有这样一位生活简朴的环保主义者，每天骑自行车上下班，吃素食，从不乱扔垃圾，爱护各种花花草草……可是他一天也得洗一回热水澡。为了地球，为了节能减排，有人提出，我们能否换种生活方式，比如一周只洗2次澡？

回答：我们管持这种观点的人叫做"低碳nerd"。烧热水的过程肯定会释放二氧化碳，发达国家人民生活中释放的二氧化碳也确实远远高于贫穷地区，从这个角度讲，干旱地区一生只洗几次澡的人是最低碳的了。

不过，城市人从别的地方节约这点二氧化碳要比不洗澡容易多了。少开一天车，那点油里的二氧化碳估计就够你洗几天了。你的洗澡水也可以从洗衣水里节省出来,我相信衣服多穿两次再洗、多攒几件一起洗对你的个人形象完全没有影响。

话说回来,搓澡太频繁对皮肤不好倒是真的,多久洗一次也要视你的具体情况而定,如果是南方的大夏天,憋着不洗澡就没必要了。

3. 坚持室外晾衣,哪怕得罪城管?

背景:早在 2002 年上海就有限制晾衣的规定,如今又有人疾呼,要借世博会东风彻底解决"万国旗"。不过,却有人斗胆要向城管挑战,说美国人大多使用烘干机,很少在屋外晒衣,然而,随着环保意识增强,一些民间环保机构呼吁改变现状,提倡户外晾衣,以减少二氧化碳排放。犹他州、佛罗里达州已通过"晾衣权利"法案,其他几个州也准备跟进。还有网站,贴上大量户外晾衣照片,美其名曰:感觉大自然。

"牺牲"市容,室外晾衣,是否如传说中所说节能环保,拯救地球?

回答:从环保的角度看烘干机实在是费力不讨好的工具,除了能缩短晾晒时间,相比自然晾干全无优势,还增加能耗。但在湿度大的地方,室内无法彻底晾干或者耗时太长,如果不用烘干机,就只能出去挂"万国旗"了。有两种解决方法,最优的是管理部门在小区内挑选闲置空地专门用于晾衣,集约化可以减少混乱度;次优的方法是,衣服在屋内晾到差不多了再进烘干机。

4. 砍伐森林有可能是有益的?

背景:砍伐森林有助减排?怎么看都像是木材厂商放出来"洗地"的话。但理由似乎很充足,在温暖的天气,树木释放挥发性化学物质……而且有数据表明,"年轻"的树木吸收二氧化碳的效率更高,而在成活 55 年之后,树木增长放缓,吸收二氧化碳的能力也随之降低,最后随着腐烂或者燃烧而释放二氧化碳。所以采取简单的砍伐方法来清除"古老"的森林,以防枯死的树木引发山火,同时也为制作家具和房屋取得材料。而固

碳的重任,就交给"年轻"的树林吧。

回答:植物只有在同化作用大于异化作用的时候,或者说在把二氧化碳变成身体组成部分的时候,才是固碳的,所以不同生长阶段的树木固碳的效率是不同的。但话说回来,森林的功能可远不止固碳一个,还可以调节气候、保持水土、保护物种多样性、防风固沙、减少污染……这其中的很多功能在砍砍栽栽中将不复存在。

此外还需要问一句,砍下来的树去做什么用呢? 如果做成了一次性筷子、厕纸、书……废物回收后,最终还是付之一炬,谈何低碳?

5. 环境变化是不可逆转的,所以要提前做好准备?

背景:这个问题似乎有点悲观,因为它完全否决了我们之前的种种努力。有人认为,气候变化是不可阻止的,与其绞尽脑汁节能减排,不如提前采取应对措施。

有研究机构说,即使我们把美国、欧洲和日本的每一辆汽车都封存了,大气中二氧化碳的含量仍然会上升,我们有能力阻止全球变暖的可能性远远低于它阻止我们的机会。所以现在是时候思考适应"温暖"的地球了,比如帮助一些可怜的动物搬迁以及采取措施应对冰川融化后的世界。

回答:不错,从现在的观测结果看,问题已经不是变不变暖,而是变暖多少了。所以一方面要通过减排控制气候变暖的幅度,尽量让大气中的二氧化碳浓度稳定下来不再增长;另一方面,也要积极备战,着手应对气候变化引发的各种问题。因为气候可能直接或者间接地影响到人类社会的方方面面,从环境到经济、从伦理到社会、从科技到自然……把气候变化看成人类社会、整个生物圈,甚至这个星球当前面临的重要难题并不为过,我们应该做好付出的准备,因为这个世界已经给予了我们这么多。

■ 第五节 与低碳有关的纪念日

世界地球清洁日

世界清洁地球日是全球性清洁活动,是由澳大利亚的国际环保组织 Clean Up the World 的伊恩基南发起,时间定在 9 月的第三个周末,现为全球最重要的环境保护活动之一,每年全世界有超过 125 个国家、4 000 万人参加这个活动。

随着工业化的发展,工业地球废料和生活垃圾的日渐增多,地球有限的自净能力已难以承受日渐沉重的压力。例如我们常用的泡沫快餐饭盒,由于它不能自行分解,对于地球来说,就是一种永远无法消除的“白色污染”。又如,我们日常用的汽油、柴油等燃料,也是污染地球环境的元凶之一。地球是我们共同生活的家园。随着工业化的发展,工业废料和生活垃圾的日渐增多,地球有限的自净能力已难以承受日渐沉重的压力。为了保持地球家园的清新宜人,大家要从我做起,不乱扔杂物,减少能源污染,维护地球的清洁。这就是确定世界清洁地球日的意义。

低碳体验日

为积极响应国家“节能我行动,低碳新生活”的号召,提高能源利用效率,进一步增强节能意识,发挥公共机构在全社会节能中的表率作用,推进节约型公共机构建设,近年来,许多省(市、区)把每年的 6 月 14 日确定为“低碳体验日”。这一天,办公区域空调、公共区域照明停开一天;一些公共建筑原则上停开电梯,高层建筑电梯分段运行或隔层停开;所有景观照明灯、装饰用灯关闭一天;倡导低碳出行,上下班乘坐公共交通工具、骑自行车或步行,公务出行尽量乘坐公共交通或拼车出行。

世界水日

世界水日(World Water Day)是人类在 20 世纪末确定的又一个节

日。为满足人们日常生活、商业和农业对水资源的需求,联合国长期以来致力于解决因水资源需求上升而引起的全球性水危机。1977 年召开的"联合国水事会议",向全世界发出严正警告:水不久将成为一个深刻的社会危机,继石油危机之后的下一个危机便是水。1993 年 1 月 18 日,第四十七届联合国大会作出决议,确定每年的 3 月 22 日为"世界水日"。

国际保护臭氧层日

1995 年 1 月 23 日,联合国大会通过决议,确定从 1995 年开始,每年的 9 月 16 日为"国际保护臭氧层日"。旨在纪念 1987 年 9 月 16 日签署的《关于消耗臭氧层物质的蒙特利尔议定书》,要求所有缔约国根据"议定书"及其修正案的目标,采取具体行动纪念这一特殊的日子。

世界行走日

"世界行走日"是由国际大众健身体育协会(TAFISA)于 1992 年倡议发起,TAFISA 于 1992 年 6 月 7 日在里约热内卢召开的全球首脑峰会上,启动了第一次世界行走日,从此以后,此活动便迅速推广开来。在 2005 年 10 月 2 日的世界行走日上,已经有超过 72 个国家的成员参加。2010 年首次进入中国的"世界行走日"活动在我国 6 个城市举行,直接参与人数超过 6 万人。

世界环境日

世界环境日为每年的 6 月 5 日,它的确立反映了世界各国人民对环境问题的认识和态度,表达了人类对美好环境的向往和追求。它是联合国促进全球环境意识、提高政府对环境问题的注意并采取行动的主要媒介之一。联合国环境规划署每年 6 月 5 日选择一个成员国举行"世界环境日"纪念活动,发表《环境现状的年度报告书》及表彰"全球 500 佳",并根据当年的世界主要环境问题及环境热点,有针对性地制定每年的"世界环境日"主题。2011 年世界环境日中国主题为"共建生态文明,共享绿色未来"。

世界无车日

当许多欧洲城市面临着由于汽车造成的空气和噪声污染日益严重的状况时,1998年9月22日,法国一些年轻人最先提出"In Town, Without My Car!(在城市里没有我的车)"的口号,希望平日被汽车充斥的城市能获得片刻的清净。这个主张得到了都市居民的热烈支持,截至目前,据不完全统计,已有37个国家的将近1 500个城镇参与其中。9月22日,法国35个城市的市民自愿弃用私家车,使这一天成为"市内无汽车日"。在9月22日这一天,有些城镇限制汽车进入,只允许公共交通、无污染交通工具、自行车和行人进城。这个让城市得到片刻喘息的活动很快席卷了欧洲、亚洲、美洲的许多国家。截至目前,据不完全统计,已有37个国家的将近1 500个城镇参与其中。2001年,成都成为中国第一个举办无车日活动的城市。首届"中国城市公共交通周及无车日活动"于2007年9月16日至9月22日开展,活动主题为"绿色交通与健康"。据悉,活动期间,北京、上海、青岛等已签署承诺书的108个城市的政府领导带头"拒绝"小汽车,采用并鼓励民众也采用步行、自行车、公共汽车等绿色交通方式出行。

世界无烟日

自20世纪50年代以来,全球范围内已有大量流行病学研究证实,吸烟是导致肺癌的首要危险因素。为了引起国际社会对烟草危害人类健康的重视,世界卫生组织1987年11月建议将每年的4月7日定为"世界无烟日",并于1988年开始执行。但因4月7日是世界卫生组织成立的纪念日,每年的这一天,世界卫生组织都要提出一项保健要求的主题。为了不干扰其卫生主题的提出,世界卫生组织决定从1989年起将每年的5月31日定为世界无烟日,中国也将该日作为中国的无烟日。

世界森林日

"世界森林日",又被译为"世界林业节",英文是"World Forest Day"。这个纪念日是于 1971 年,在欧洲农业联盟的特内里弗岛大会上,由西班牙提出倡议并得到一致通过的。同年 11 月,联合国粮农组织(FAO)正式予以确认。1972 年 3 月 21 日为首次"世界森林日"。有的国家把这一天定为植树节;有的国家根据本国的特定环境和需求,确定了自己的植树节;中国的植树节是 3 月 12 日。而今,除了植树,"世界森林日"广泛关注森林与民生的更深层次的本质问题。

chapter 11 >>

第十一章
低碳·达人篇

■ 第一节 一点一滴炼就低碳达人

低碳生活其实很简单,它不需要你花大量的资金去投入、不需要你耗费大量的经历,你只需要改变你日常生活中不好的习惯,在做每一件小事之前用环保的眼光考虑一下,小到一个不起眼的垃圾、大到平常的交通工具、家用电器等等,只要你用心去做,你也可以成为一名时尚的"低碳"达人。

上班工作篇

达人安妮

低碳生活前:开车上班,坐地铁时看报纸、杂志。

低碳生活后:平常坐地铁上班,用 iPad 看书

大家的生活富裕了,许多人都有了自己的汽车,每天开车上下班的感觉既有面子又方便。但是你可否想过,尾气在直接危害人体健康的同时,还会对人类生活的环境产生深远影响。尾气中的二氧化硫具有强烈的刺激气味,达到一定浓度时容易导致"酸雨"的发生,造成土壤和水源酸化,影响农作物和森林的生长。

以北京为例,全市共有 400 多万辆机动车,恐怖的尾气排放量足以让整个城市污浊,并且上下班高峰的堵车并不能将你准

时地送达目的地。为什么不考虑一下其他的出行方案呢？

很多大城市的轨道交通都十分发达，乘坐地铁、轻轨几乎可以到达城市的任何一个地方。我上班的地方位于北京地铁海淀黄庄站周边，从家坐 10 号线去上班已经成为我目前最常用的出行方式，并且不堵车、有空调、速度快，这么方便你还会去开车吗？

如今的地铁站已经开始有赠送报纸的服务，看看报纸、听听音乐是打发时间的首选，但是纸制品的增多无疑是给地球增加了不少负担，用电子屏代替报纸将成为未来的发展方向。iPad 上有当天所有的知名报纸、杂志，零污染、低碳环保。

达人强子

低碳生活前：中午玩游戏、看电影

低碳生活后：让电脑也休息一下

中午有一个多小时的休息时间，玩玩游戏、看看电影或许是大部分编辑的休闲方式，但是电脑的持续工作了一上午，让它歇一歇可以使下午的工作效率更高。同时，随着电脑数量的增加，耗电量也在持续攀升，如果我们每个人都让自己的电脑在中午的时候休息一小时，全中国节省下来的电将是庞大的数字，正所谓积少成多。

是不是该让电脑也歇一歇呢？

另外，将音箱接驳在 MP3 或者其他播放器上，几个人一起听听音乐也是个不错的放松选择。不过，大功率的影院级音箱并不适合在公司使用，一是音量大吵人，其次是大功率带来的高能耗，不环保。

日常生活篇

达人阿铁

低碳生活前：垃圾不分类，天天做宅男

低碳生活后：合理分类丢垃圾，拥抱自然多运动垃圾分类已经在许多城市开始施行,其实早在很多年前,例如日本、美国、英国等国家均已做到了垃圾分类,分类处理。假如所有的垃圾均统一填埋,不仅费用高昂(据悉处理一吨垃圾的费用约为 400 元至 600 元人民币),而且会占用大量的土地资源,造成环境污染。

只要我们在丢垃圾之前,将它们按照不同的类型投放就可以减少垃圾处理的步骤,看似举手之劳,但却关系到整个地球环境的状况。

达人庄奴

低碳生活前:去超市买塑料袋

低碳生活后:自备环保袋购物

我承认自己是个懒人,一个塑料袋 3 毛钱的确也不算贵,每次去超市购物都得在塑料袋上花不少钱,家里的塑料袋也越积越多。老婆大人实在忍不住了,对我好生教育了一番。1 吨塑料相当于 3 吨以上的石油,每天用于生产超市的塑料购物袋须消耗石油至少 3 000 多吨。而且塑料袋极难分解,埋在土壤里几十年不腐坏,我们还有什么理由去浪费这些资源呢?

所以我决定从今天开始带环保袋去购物,结实耐用而且可重复使用,一次省 3 毛钱,10 次就是 3 元,一年能省不少呢!

电器节能篇

达人艾坡

低碳生活前:电视高亮度、电源插座 24 小时开启

低碳生活后:将电器产品调至节能状态

数码电器产品虽然性能强劲,但它同样是建立在高能耗的基础上。在我们的日常生活中,通过对每一个电器的细小调整,就能做到真正的低碳环保。例如:晚上睡觉时将不用的电源插头拔下或者将电视调至节能模式、空调升高一度等等,都是低碳生活的小技巧。同时,我们在添置新

电器的时候,要注意最新的能耗标识,选择绿色的节能环保产品更能为你带来经济上的节省。

说完了达人们的低碳生活,你会发现低碳其实不神秘,只要你用心你也可以是低碳达人。不过当下也有许多人在"低碳"上存在误区,例如:停止使用电梯;改变日常饮食;降低年产量等等,这些"低碳"做法看似降低了能耗,但是却在无形中增加了其他方面的成本,而且低碳是建立在人们健康生活的基础上,一切违背自然、社会规律的低碳方式我们不提倡。

中国首个用节能技术全副武装的低能耗低碳的普通住宅

一个建筑面积80平方米的普通两居,一对退休在家的普通夫妻,然而,他们的生活却并不普通,因为经过他们改造的房子非常了不起。

通过综合利用太阳能技术,在室内依靠墙体、天花板、地板、门窗等进行隔热、保温、储能、释能,并通过对厨房、卫生间的节能改造,实现节水、节电,他们的家真正变成了舒适低能耗的低碳小屋。

如今,房主胡钧骄傲地把"低碳人家"的 logo 挂在窗子上,想借此感召更多需要装修的朋友加入他们的行列中来,不仅舒适了自己,也回馈了环境,予人玫瑰,手有余香。

《北京青年报》曾经对胡钧一家的低碳生活进行过详细报道,以下是报道的一部分——

住宅主人:胡钧

住宅面积:80平方米

"低碳人家"的男主人胡钧现在"友情客串"轻舟装饰的总工程师,主要负责研发节能环保的新型装修建材,大部分都已取得了国家专利。

胡钧说,"房子的能耗,大部分都源自于使用过程,既然我现在从事低碳工作,那就首先从我自己的家、我的生活改造起。"目前房子的改造已全部完毕,节能减排主要归功于通过墙体、门窗等对太阳能的综合利用,二次装修的费用与普通装修基本相同,当然,通过旧物改造重新利用还帮助低碳小屋节省了一大笔开支。

阶梯组合太阳能让屋子自己发电

"低碳人家"最明显的标志是悬挂在阳台外窗的五块太阳能板。胡钧说,阶梯组合式太阳能利用装置可直接悬挂在楼体表面,即使挂在背阴方向其储能和发电量也足够他二十平方米左右的"工作室"日常照明和电脑用电。

提示:据了解,这一组售价为 3 000 元左右的产品,使用寿命为 25 年,由于"工作室"使用的是太阳能装置的"自发电",所以在装修时,需要特别铺设单独的电路管线。

魔术暖气:可装在一切边边角角的地方

胡钧说,护住窗户的温度就能有效控制室温,所以,"低碳人家"除了更换节能效果好的断桥铝合金加双层中空玻璃窗外,他还给窗户贴上了可控制玻璃散热的玻璃膜,大大提高了窗户的节能性能。

另外,现在人们的采暖有个误区,只管把暖气装在好看的地方,其实,把暖气装在窗户周围可形成空气幕,是堵住窗子这个耗能漏洞最直接的方法,所以胡钧家在改造时就选用了"门窗框散热器",像包窗框一样把暖气水管或电线盘在窗框四周,再稍加装饰,就可以解决室内采暖问题了。当然,这种产品可以被当成踢脚线围在客厅里,不占地方,也节省了取暖改造成本。

智能夹层维持室温恒定

"低碳人家"最让胡钧得意的改造来自墙壁。胡钧介绍说,他家的墙壁和天花板在铲除原有装饰后,先使用了"智能夹层"——一种相变点能够控制在 15—25 ℃的相变材料,它可以利用自身的潜热能、显热能对太

阳能自然吸储和释放,冬天白天温度高时,智能夹层吸热,夜晚温度低时释放热量;夏季夜间温度低时,智能夹层则吸冷,白天温度高时吸热降温,借此自动维持室温稳定。据了解,目前,胡钧家的室温,冬天可保持在20 ℃左右,夏季尚未到来,不过据此测算,应该可以在不借助空调等制冷设备的情况下维持在 25 ℃左右。

除了智能夹层,"低碳人家"的墙壁上只刮了一层薄薄的"生物工程腻子",它含有硅藻土成分,具有调节室内湿度、吸附有害物质的功能。胡钧说,使用生物工程腻子后,墙面就能保持平整,无需再涂刷其他涂料了。

提示:智能夹层可直接涂抹在毛坯墙壁、天花板上,施工时以 3 cm 厚为宜,售价约为 40 元/袋,可涂抹 4 平方米左右。另外,生物工程腻子每平方米的费用为 15 元。

■ 第二节 一个地道北京人的低碳生活启示录

采访对象:多秀珍,女,67 岁,地道北京人。

采访地点:346 路公交车后排。

身体状况:良好。眼明齿健,身手矫捷。

爱好的运动:背水。

背水重量:每次背 20 千克左右,从北京西郊凤凰岭背下山再换乘公交。

背水频率:每周背四次,已背了 12 年,从未间断过。

背水团队:4—5 人。

出行方式:步行及 346 路公交车。

生活态度:重复利用,节约惜福,保持身心健康。

"背水阿姨"的低碳生活

家住海淀区北太平庄的多秀珍阿姨,全家 6 口人,由于有多阿姨背回去的泉水，家里水费半年还花不到 80 元。多阿姨说，背水不止省钱，还让自己锻炼了身体，而且能喝到千年古刹龙泉寺的泉水，是家里人的大福气。阿姨还风趣地说："这山上的泉水能治病呢，健康又养颜。"

说起背水这个喜好，那还是在十几年前，有一次她也学别的游人，拎了大个头的塑料瓶，把凤凰岭的龙泉水背了一桶回家，家人都说甘甜好喝。于是她就萌发了每周从凤凰岭背水回家的念头，不但是锻炼，自己也有个固定的事干。

这一来一去，多阿姨背水背得乐在其中，很快就感召来周围的一些邻居，其中有大爷也有三四十岁的壮汉。不过"背水队"的成员看上去个个都很强壮，大家都在固定时间去背水，年纪轻的一回能背大约 35 千克水。

常年不间断的运动练就了多阿姨非常强健的体质。她把六口之家整理得井井有条，说起来多阿姨还真有一套方法呢。

一、多阿姨爱干净，但她不会无谓地浪费。比如家里有不再穿的衣服鞋子从不乱扔，而是捐给需要的人。洗菜水完全可以存起来，用来冲厕所，按多阿姨的话说就是："给国家节约，也是给自己省钱。"

二、多阿姨说家里不同的垃圾是分开放的。比如，厨房放有专门的厨余垃圾桶，客厅还有装一般垃圾的垃圾桶，另外，还在固定的地方专放可回收的垃圾，塑料瓶、杂志旧报纸、纸箱子等等都要归类到这里。虽然不见得会卖多少钱，但多阿姨说钱不重要，重要的是心里有没有这种节约、循环利用的意识。"我们国家是人口大国，却是资源小国，我们应该倡导节俭。"受多阿姨的影响，她的孙子就非常热衷于环保。

三、多阿姨人非常精瘦，也没老年人常得的高低血压、胆固醇等病，多阿姨说这都跟她常背水多吃素有关。听说吃素是现在最流行的饮食方式时，多阿姨爽朗地笑出声来，说："吃素健康！"

四、多阿姨出行多乘公共交通。问到最喜欢的运动，多阿姨斩钉截铁地说,是背水。忙了一辈子了,总是来去匆匆,现在她最享受的,就是上山背水,她在背水当中找到了快乐,感到安详。多阿姨笑说,她这算得上最无害、无污染的身心健康运动了吧。

"背水阿姨"给我们的低碳启示

虽然多阿姨是一个普通的北京市民,但她在日常生活中的做法很值得我们学习。现在全世界都在风行"低碳",但什么才算得上真正的低碳,可操作的低碳呢?笔者认为低碳不仅来自关灯节水这些日常行为,它更应是一种态度,并非是流行一时的风潮,需要人们在生活中秉持节俭朴素、环保节能的意识,传承我们中华民族的传统美德。

北京市发改委 2010 年发布的《低碳行为指导手册》,为居民列举了涉及生活方方面面的低碳行为。下面我们就以《手册》作为出发点,看看"背水阿姨"贡献的减排成绩。

启示一:节约用水对低碳的启示

1. 在夏季的 3 个月里平均每月少喝 1 瓶啤酒,1 人 1 年可节能约 0.23 万吨标准煤,相应减排二氧化碳 0.6 千克。多阿姨背泉水,最初是因为全家人都很喜欢喝甘甜可口的泉水。多阿姨用泉水代替饮料,减少了很多的碳排放。

2. 用盆节水洗菜代替直接冲洗,每户每年约可节水 1.64 吨,同时减少等量污水排放,相应减排二氧化碳 0.74 千克。"背水阿姨"自己家里用水,底下都接着相应的盆子,以便做适当的循环利用。

3. 一个没关紧的水龙头,在一个月内就能漏掉约 2 吨水,一年就漏掉约 24 吨水,同时产生等量的污水排放。如果全国 3.9 亿户家庭用水时能杜绝这一现象,那么每年可节能 340 万吨标准煤,相应减排二氧化碳 868 万吨。如果像多阿姨一样在底下接盆,不仅可以避免无谓的浪费,养成良好的用水习惯,也可以很有效地降低二氧化碳的排放量。世界上的淡水资源是非常有限的,而《手册》中节水的部分,最重要的也是在要唤醒人们的节水意识。

中国工程院院士孙铁珩说:"60%的生活用水、80%的工业用水不需要特别干净的上水;污水经过处理后,完全可以浇灌绿化、冲洗厕所、清洁街道,大大节约资源和能耗。"应该说,缺水地区的人们的节水意识是最强的。为什么他们能有这样强的节水意识呢? 因为他们知道水是来之不易的,资源是非常有限的。

生活在北京这样的大城市,固然水资源已岌岌可危,但人们很难感受到那种缺水的困难,因为节水意识不够强,纵然有好的节水窍门,效果也不会最佳。因此,只有人们的节水意识和节水窍门贯融,才能充分利用人类的水资源,减少不必要的碳排放。

所以,在提倡节水窍门的同时,最重要的还是要提高人们的节水意识。我们不希望人类因为自身的行为,让地球上的最后一滴水变成人类的眼泪。

既然不能亲身感受到没有水的日子,网络媒体应大力宣传缺水地区的生活,让人们增强节水意识。事实上,我们日常生活中不可或缺的水资源,的确正在变得越来越匮乏,每一个公民都有义务有效地使用水资源。院士孙铁珩还说,低碳生活其实离普通人很近,完全可以从现在开始身体力行——生态城市,人人皆有可为。

启示二:循环利用对低碳的启示

1. 回收一吨废纸能生产 800 千克的再生纸,可以少砍 17 棵大树,节约一半以上的造纸原料。还是多阿姨说得经典,垃圾回收利用,重要的不是会卖多少钱,而是环保节能的意识。

2. 回收塑料及金属制品,1 公升铝的重新利用可以避免 11 千克二氧化碳排放。少用 1 个塑料袋可以减排 0.1 克二氧化碳。多使用非一次性饮水杯,少喝瓶装水和饮料,为节能减排做贡献。

3. 每人每年少买一件不必要的衣服可节能约2.5千克标准煤,相应减排6.4千克二氧化碳。多阿姨把多余的衣服鞋子捐给需要的人,不仅让物有所值,同时也有效地降低了碳排放。

多阿姨的低碳行为涉及循环利用和重复利用两种。重复利用是指再次使用某件产品,而循环是指将废品变为可再利用材料的过程。

废品回收以便循环利用,可以节能环保,避免对地球产生过多的消耗负担。试想没有垃圾回收,我们将浪费更多的能源。在产出新产品上,废品回收再利用的作用是任何其他行业所无法替代的。经济发达国家把废品回收再利用行业看作朝阳产业。随着我国经济的快速发展,技术的进步,更新换代的加速,会有越来越多的商品失去使用价值变成废旧商品,进入废旧商品回收再利用阶段。

因此建立规范的废旧商品回收市场,让有用资源得到有效利用,让有害材料得到妥善处理、避免污染环境,就显得极为重要。

另一方面,消费方式误区中的奢侈消费倾向:小商品大包装的浪费司空见惯,私家车攀比大型、豪华而不计能耗。这种种表现都可说明,生态意识的真正树立在我国还有很长的路要走。

笔者认为低碳生活,不应仅仅停留在世博会各大展馆的展项中,而应在经济、社会和文化等领域中广泛提倡,让低碳生活成为我们统一的认识和理念,使其转化为实际的行为方式。

启示三:公共设施对低碳的启示

1. 较低楼层不坐电梯,每台电梯每年可节电5 000度,相应减排4.8吨二氧化碳。全国60万台左右的电梯采取此类措施每年可节电30亿度,相当于减排288万吨二氧化碳。多阿姨家在一楼,这就免去了很多辛苦,还有坐电梯释放的二氧化碳量。

2. 用自行车或步行代替驾车出行100千米,可平均节油9升,坐公交代替驾车出行 100 千米,每人可减少汽油消耗 8.35 升,相当于减排二氧化碳 18.4 千克。如果去 8 千米以外的地方,乘坐轨道交通可比乘坐汽车减少 1 700 克的二氧化碳排放量。多阿姨的出行方式是步行和公共交通。一般不需要出行的话,她都待在家里。省去了很多制造碳排放的机会。

3. 如果有 1/3 的人用骑自行车替代开车出行,那么每年将节省汽油消耗约 1 700 万吨,相当于一家超大型石化公司全年的汽油产量。骑自行车也是很好的出行方式。

4. 每月少开一天车,每车每年可节油约 44 升,相应减排二氧化碳 98 千克。排气量为 1.3 升的车与 2.0 升车相比,每年可节油 294 升,相应减排二氧化碳 647 千克。由此可见选择公共交通的好处,省心又环保。

说起公交,大致包括:铁路、单轨、轻轨、有轨电车、缆车、磁悬浮列车、地铁、快速公交、公共汽车几类。

时下骑自行车上班已成为最时尚、最浪漫、最惬意的上班方式,很多年轻人结婚还流行起"低碳车队"——用自行车代替过去的汽车作为结婚用的花车。不过这暂时还只流行于发达地区。说起来,乘坐公共交通,还真有不少好处呢。笔者整理出了一些网友的看法:

一是环保。如果大家都坐公交车,会节省好多汽油,少排放好多二氧化碳,空气将更清新,世界将更美好;

二是省钱。现在油价直涨,只有公交族心里不慌,甚至有些幸灾乐祸;

三是锻炼。坐公交不会在家门口,两头都走点儿路,如果再加上挤车的功夫,练练身体挺好;

四是打望。坐公交可以看车上的美女,看街上的美女,特别是看对面车上的美女,晃眼一过百媚生;

五是安全。开公交的司机都拿了 A 照,比自己的 B 照还是要专业

得多;

六是修身养性。偶尔抢个座位,再让给白发老人,可以增加崇高感;

七是少找麻烦。少了停车、挤车等等一摊子事,自驾车时如果不小心擦了别人或别人挂了你,那就更是烦死人;

八是丰富生活。一辆车上几十号人,总有些奇闻怪事,可以增加见闻;

......

启示四:垃圾分类对低碳的启示

1. 每回收 1 吨废纸可节省木材 300 千克,比等量生产减少污染 74%。

2. 每回收 1 吨塑料饮料瓶可获得 0.7 吨二级原料。

3. 每回收 1 吨废钢铁可炼好钢 0.9 吨,比用矿石冶炼节约成本 47%,减少空气污染 75%,减少 97% 的水污染和固体废物。"背水阿姨"作为 67 岁的老人家,坚持在家中设置三种垃圾筒,分别装厨余垃圾、不可回收垃圾和可回收垃圾,这种行为时尚至极,这种精神可歌可叹,这是环保素养的体现,这是有责任心的表现。

我们每个人每天都会制造出许多垃圾,您知道这些垃圾最终到哪里去了吗? 它们通常是先被送到堆放场,然后再送去填埋。垃圾填埋的费用是高昂的,处理一吨垃圾的费用约为 400 元至 600 元人民币。每天被我们丢弃的被称为白色垃圾的塑料袋、一次性塑料餐盒,属于高分子聚合有机物,如果埋在地下的话,就是 200 年也烂不掉,它还会使土壤板结,降低土壤的肥力,甚至使土壤失去耕种的能力。

启示五:素食对低碳和健康的启示

1. 如果全国平均每人每年减少猪肉浪费 0.5 千克,每年节能约 35.3 万吨标准煤,减排 91 万吨二氧化碳。研究说,放弃肉类与乳制品,完全吃素,可以将制造食物排放出的温室气体,降为原本的 1/7;其饮食碳足迹仅为肉食者的 1/17。美国科学家也表示:如果全人类都是肉食者,石油储量将于 13 年内被用尽。而如果全人类都是素食者,能源危机将是 260 年后的问题。

2. 减少肉、蛋、奶等动物性食品的采购。饲养家畜要消耗掉 2/3 以上的耕地,地球上人为生产的甲烷中,畜牧业就占 51%。研究发现,1 千克牛肉=36.4 千克二氧化碳。一千克猪肉,所排放温室气体=驾车行驶 26 千米。动物排泄物产生的甲烷比交通工具多 23 倍;产生的氧化亚氮比交通工具多 296 倍。二氧化碳的排放量牲畜占全部温室气体的 51%,因为肉食生产是制造全球暖化的最大成因,甚至超过交通。雨林被砍,是为了开辟牧场,动物产生的甲烷会升到天空。

3. 少浪费 0.5 千克粮食(以水稻为例),可节能约 0.18 千克标准煤,相应减排 0.47 千克二氧化碳。对于"背水阿姨"来说,浪费是不可能的。如果全国平均每人每年减少粮食浪费 0.5 千克,每年可节能约 24.1 万吨标准煤,减排 61.2 万吨二氧化碳。我们提倡少吃垃圾食品,建议适当的饮食消费。什么才算得上"绿色消费"呢? 专家指出,除了节约用水、用电、用纸,还包括"节衣"和"节食"。"节食"便是提倡素食,因为养活 1 个肉食者所需的土地生产力=养活 20 个素食者。产生 1 磅牛肉的植物=挽救 80 个在第三世界的儿童。我们缺粮食吗? 是因为种出来的谷物被牲畜吃掉 36%,种出来的大豆被牲畜吃掉 74%。吃素就是最大的节约。

"背水阿姨"喜欢喝泉水,很少喝奶,根本不吃肉,她在这一条上又是胜利的。我们看到,即使作为一个普通的素食主义者,多阿姨一年的减碳量仍旧成绩斐然。但另一方面,可能很多人还不真正了解那句伴着爽朗笑声的"吃素健康"里的深层意思。

素食文化,正在全世界兴起。吃素食到底有什么好处呢? 人类健康的秘密就在于：人体适合碱性环境，素食是碱性，肉类是酸性，只有多吃碱性人才会更健康。健康本来很简单，只要注意四条，按时休息、运动锻炼、自我保健、多吃素食。

目前许多书籍和视频，都提出了吃素的健康研究报告，有许多医生表示肉类蛋白质含有毒素，吃肉对身体有害、会有不良的影响，他们有数不清的证据。我们根本不需要肉食，事实上许多人的病都是在吃素后治好的。

我们在选择食物时，除了要考虑营养的因素以外，还要考虑许多其他因素，例如，食物是否清洁，是否含有有害物质，以及是否适合个人的健康状况等等。我们都知道大部分的疾病是来自肉类，因为人们以抗生素喂食动物，再者动物被屠杀时焦虑而死，其尸体中的蛋白质便开始凝固，并分泌一些自我分解的酶，形成一种叫做尸毒的变性物质，我们间接吃下了这些抗生素，使身体失去了对疾病的免疫力，各种疾病都能侵袭我们，夺走我们的生命，这是多么可惜的事情！

我们来听听美国素食厨师的逻辑吧："我宁愿大嚼一块时鲜的南瓜，而不是一块腐烂的动物尸体。这样吃起来就没有任何罪恶感。没有罪恶感吃起来才会更快乐。"美国营养学家兼医学家米勒尔博士也说："人若偏爱食用各种动物肉，必然会多病，因肉类中缺少维生素、石灰质和碳水化合物。又因为肉类中囤积原有废料，及各种动物疾病而带来的毒素，与屠宰后所起的腐化作用，使食肉类动物须排泄废物及毒质。久之各种并发症相继而起，会导致志气萎靡，体力衰弱，成为庸懦无能之人，贻误一生。"

研究表明，食素仅5天体内毒素就会减少，多阿姨不仅吃素，而且经常做高耗能的负重爬山运动，这就使得她体内新陈代谢加快，血脉通畅，因此腿脚灵便，神采奕奕。吃素，于人于己，甚至之于环境保护都是大有裨益的。

可喜的是，越来越多的人意识到吃素的好处。素食已不再是少数族群的风尚，它迅速走俏，成为了主流族群的选择。实际上，用植物蛋白取代动物蛋白,我们并没有失去什么,却带来巨大的利益。不仅消除无数动物的痛苦、免除因肉食带来的种种疾病,还可以在很大程度上缓解世界能源危机、粮食危机、环境污染和全球暖化。这对我们的地球母亲,都将产生积极而又巨大的贡献!

■ 第三节 低碳族

什么是低碳族

低碳族是指倡导保护环境,以提高环境质量为目标,坚持"低碳"好习惯以减少二氧化碳等气体排放的节能环保人士。

随着"低碳经济"、"碳汇"等新名词的出现,"低碳族"应运而生并迅速壮大。可要养成少开汽车、随手关灯这类"低碳"好习惯,一般人还真费劲。保护环境时不我待,如今,"低碳族"算是初具规模,我们希望,能有更多的人加入"低碳族"的行列。

"低碳族"通过网络呼吁人们记录自己的"减碳日记",有意识地去影响自己周围的人,从而使"低碳生活"成为全民的一种新的生活方式和生活态度。任何一种理念只要能够持之以恒,必定带动周边的人一起为环保低碳经济贡献自己的力量。低碳族的行动不是需要你付出多少钱,而是要改变你的一些行为习惯,为环保作出贡献,对个人来说,不仅可以养成良好的社会环保意识,而且还能节省不少钱。

低碳族五大生活方式

暴走

暴走,是一种最直接的低碳生活方式。一来锻炼了身体,二来减少了汽车尾气排放,一举两得。

拥有一辆零碳排量的车

首先,要排除汽车。因为大家都知道,汽车尾气的排放量实在是太可

怕了。电动车主要靠电力发动,完全做到了零排量。

种植绿色植物

无论在哪种公共场合,办公室、教室、医院、商场等等,都尽量多放一些绿色的植物。看到绿色对视力好,同样对心情也好。

不怕黑

在晚上,尽量少开电灯,不管是节能的还是不节能的,不怕黑的话可以完全不开灯。

改变细节

改变一个人的习惯看起来是很难的事,但是从细节上还是可以慢慢纠正的,只要平时注意从衣食住行等方方面面要求自己节能减排,日积月累,一定能养成好的生活习惯。

低碳族省钱妙招

1. 培养网购习惯

同一样东西,网上有卖的,通常比线下便宜,因为网店的经营成本更低,商品价格更容易被比较(有搜索引擎比价等帮助),顾客转移购买目标更轻易(鼠标点一下就行了),因此价格竞争更激烈。想想,如果你们家衣食住行各项消费,方便在网上购买的就通过网购满足,一年下来,就能省很多钱。

2. 去批发市场批货

每个城市尤其是大城市,都有大大小小的批发市场。虽说是批发,但不代表档口老板不零售。如果你弄清楚了本城批发市场的分布和特色,一些不着急的购买需求,累积到一块,差不多了,抽个时间跑一趟批发市场,多半会满载而归。

3. 理财消费一本账

人是怕麻烦的动物,要把自己的财务收支、日常消费记成一本账,长期坚持,确实不容易。但如果你真的做到(哪怕是大致做到),不仅能提高自己的财务管理能力,更重要的,会定期审视自己的不合理消费,优化改进,从而逐渐养成良好的理财消费习惯。

4. 选择一款适合的手机套餐

把各种手机套餐放到一块研究,仔细分析自己打电话、发短信、手机上网等方面的消费需求,再选择一款适合自己的。如果你的手机消费特点发生了改变,或运营商出了新的手机套餐,不妨留意下,及时更新套餐。有疑问就打你的电信运营商的免费服务热线,向客服咨询。

5. 超市省钱攻略

很多超市的果盘、沙拉、糕点、熟食等,都会在晚上 9 点开始打折,价格可能是标签上的一半不到。晚饭后出去散步,顺便去超市逛下,淘点品质良好的"便宜货"回家,何乐而不为呢?另外,很多超市及其入驻商家,逢节假日、周末、店庆、商家的各种庆典,会有名目繁多的促销活动,促销商品价格比平时低不少,还常常有赠品相送。

6. 买菜有学问

避开买菜的早高峰,选择在下午 5 点以后去菜市场,价格会比早晨便宜 30% 左右。如果碰上连续阴雨天,蔬菜价格会显著上涨,因此要留意天气预报,尽量在天气突变前囤点菜。还有,与其每次漫无目的地在菜市场里瞎转,还不如盯着一家品种多的菜摊,固定在那里消费,和摊主混成熟人后,菜价会比较便宜,有时还能赠送给你两根葱。

7. 自带午餐,健康实惠

每天叫外卖没少花钱,品种还有限。工作到中午,却常常犯愁午餐吃什么,渐渐三餐中最应该吃好的午餐变成应付差事。何况现在的外卖质量堪忧,吃得也不放心。想吃什么自己做,吃得放心,经济实惠。

8. 美容化妆巧省钱

美容品不一定要到大商场购买,网络购买既方便又省钱。如果有熟悉的美容师,可以问问美容院是否有你信赖的美妆品牌大包装出售,因为美容院有专业渠道,比零售店便宜得多。化妆品新品推出时,商家通常会有一些活动,比如买多少返还多少钱,或者赠送小样品、推出优惠礼品套装等。在这些优惠方案里,商家让利最大的是优惠礼品套装。如果能找上几个好朋友一起购买套装,然后你要化妆水,我要面霜,几个人去分,就很划算了。

9. 选择容易打理的发型

不打理头发肯定不行,但少花钱也一样可以弄出漂亮发型。如果你不需要定期进行昂贵的挑染,那就告诉发型师只需要对你的发梢作些修剪,这样花费就少多了。何况频繁染发,对健康也没好处。

10. 衣服省钱小诀窍

商家常常会有一些断码服装,价格便宜,而且有可能恰好适合你,值得留意下。趁换季的时候,买几件百搭、永不过时的经典款式服装,可以大大降低购衣的成本。如果发现了很想买下来的衣服,最好再到其他的地方转一圈,冷静几分钟后再决定是否购买。

11. 别浪费健身卡

一时冲动办的健身卡一再变废卡? 每周去健身馆不到一次? 别再浪费了,赶紧把卡转让给更需要的人吧。

12. 不喜欢的礼物,可以转送给别人

收到的礼物,难免有不对自己口味的。这时,别着急拆吊牌,先收好了,下次有合适场合,加层包装纸再转送给别人。这不是对别人不礼貌,而是把有限资源发挥最大效用。

13. 联名信用卡让你一边花一边赚

联名信用卡指发卡银行与盈利机构(比如航空公司或百货公司)共同发行的信用卡。持联名卡除了可享受信用卡的便利外,还能得到盈利机构提供的一定比例的折扣、回赠,或其他增值服务。

14. 我是团长我怕谁

团购的风起云涌是近年来网络消费的一大景观。团购量大,商家就愿意打很低折扣,甚至为了搏宣传,会给出令人难以置信的成本价、赔本价。所以,经常去各个团购网站逛逛搜搜,看有没有适合自己的团购产品,绝对会让你惊喜连连,省钱又好玩。

15. 千万别浪费

这是一个纯粹的坏习惯问题:下馆子吃饭点一堆东西,买单时还剩一半,有的菜都没怎么动;去超市买一堆东西,喜欢用急用的用了,剩下的放在旮旯里不闻不问,不仅占地方,久而久之还发霉变味,等等。这样的例子太多了,地球资源有限个人需求有限,千万别浪费!

相信生活中还有很多低碳省钱妙招,问题的关键在于:我们真正记住并重视它们了吗,真正按照这些做了吗? 如果能够养成良好的习惯,做到以上招数的一半,我相信一年下来,一定可以给自己省下一大笔钱!

10 个窍门助你成为低碳达人

关掉多余的电灯

白天少开或关掉电灯,夜晚家里人尽量在同一个房间里活动,进出家门时随手关灯。

及时关掉电脑

统计数据显示,家庭中 75% 的用电都消耗在使电视、电脑和音响等保持待机状态上。如果一台电脑每天使用 4 小时,其他时间关闭,那么每年能节省约 500 元。

多乘公交车

减少此类排放量的最好办法之一是:乘坐公交车。美国公共交通联合会称,公共交通每年节省近 53 亿升天然气,这意味着能减少 150 万吨二氧化碳排放。

网上付账单

在网上进行银行业务和账单操作,不仅能够挽救树木、避免在发薪日开车去银行,排放不必要的二氧化碳,还能减少纸质文件在运输过程中所消耗的能源。

解下领带

2005 年夏天日本商界白领换上领子敞开的浅色衣服。那年夏天,政府办公室的温度一直保持在 28 ℃。整个夏天,日本因此减少排放二氧化碳 7.9 万吨。

舍弃牛排

联合国数据显示,全球肉制品加工业排放的温室气体占排放总量的 18%。

如果你转做素食主义者,每年二氧化碳排量将减少约 1.5 吨。

打开一扇窗

打开一扇窗户,取代室内空调;夏天使用空调时,温度稍微调高几度。数据统计表明,只要所有人把空调调高 1 ℃,全国每年能省下 33 亿度电。

挂根晾衣绳

洗衣时用温水,而不要用热水;衣服洗净后,挂在晾衣绳上自然晾干,不要放进烘干机里。这样,总共可减少 90% 的二氧化碳排放量。

自备购物袋

每年全球要消耗超过 5 000 亿个塑料袋,其中只有不到 3% 可回收。塑料袋掩埋后需上千年时间实现生物递降分解,期间还要产生温室气体。下次去购物别忘记自备购物袋。

种一棵树

事实上"捕捉"二氧化碳的能手就是树木本身。要是你嫌自己种树太麻烦的话,至少可以捐钱给环保组织,让他们代劳。